机械设计基础课程设计

主　编　崔金磊　刘晓玲

副主编　杨　勇　魏云玲

北京理工大学出版社

BEIJING INSTITUTE OF TECHNOLOGY PRESS

内 容 简 介

本书是为高等工科院校各专业"机械设计基础课程设计"编写的一本简明教材。本书以单级圆柱齿轮减速器的设计为主要内容,详细阐述了减速器的设计思路和设计步骤。

本书贯彻执行最新的国家标准和设计规范,给出了典型的参考图例,并选择了设计中常用标准和规范作为附录内容,以便于学生使用。考虑专业特点和学时安排,本书力求精炼实用,注重能力培养。

本书可供高等院校近机类和非机类各专业进行"机械设计基础课程设计"时使用,也可供其他各类学校相关专业学生使用或参考。

图书在版编目(CIP)数据

机械设计基础课程设计/崔金磊,刘晓玲主编. —北京:北京理工大学出版社,2017.7(2024.7重印)

ISBN 978-7-5682-4187-8

I.①机… II.①崔… ②刘… III.①机械设计－课程设计－高等学校－教材
IV.①TH122-41

中国版本图书馆 CIP 数据核字(2017)第 143231 号

出版发行 / 北京理工大学出版社有限责任公司
社　　址 / 北京市海淀区中关村南大街 5 号
邮　　编 / 100081
电　　话 /(010)68914775(总编室)
　　　　　(010)82562903(教材售后服务热线)
　　　　　(010)68944723(其他图书服务热线)
网　　址 / http://www.bitpress.com.cn
经　　销 / 全国各地新华书店
印　　刷 / 唐山富达印务有限公司
开　　本 / 787 毫米×1092 毫米　1/16
印　　张 / 7
字　　数 / 175 千字
版　　次 / 2017 年 7 月第 1 版　2024 年 7 月第 6 次印刷
定　　价 / 24.00 元

责任编辑 / 李志敏
文案编辑 / 赵　轩
责任校对 / 周瑞红
责任印制 / 施胜娟

　　本书是根据教育部高等学校机械基础课程教学指导分委员会制定的"机械设计基础课程教学基本要求"，结合青岛理工大学承接的"山东省名校建设工程专业建设与教学改革子项目"，为近机类、非机类专业编写的一本指导机械设计基础课程设计的教材。

　　本书根据近机类的专业特点及学时安排，以单级圆柱齿轮减速器的设计为主要内容，按设计步骤编排了 10 个章节。编者在编写本书的过程中尽量减少与"机械设计基础"教材的内容重复，重在阐述结构设计的关键问题和步骤，配有大量插图。本书注重反映机械产品的多样性、机械学科的新发展和新要求，如书中介绍减速器类型、零部件不同结构及各种形式的标准附件。

　　本书采用机械专业最新的国家标准，选择了一些常用的国家标准和规范作为附录，也给出了典型的工程图例，以便于学生及指导教师参考使用。本书内容精炼简洁、注重新颖性和实用性，注重对学生结构设计能力的培养，符合应用基础型人才培养特色名校建设工程的要求。

　　本书由青岛理工大学崔金磊、刘晓玲担任主编，杨勇、魏云玲担任副主编。在图表的绘制中还得到了一些同学的帮助，在此一并表示感谢。

　　由于编者水平有限，加之时间仓促，书中难免有不妥之处，恳请读者批评指正。

编　者

2017 年 3 月

目 录

第1章

课程设计概述

1.1 课程设计的目的

机械设计基础课程设计是机械设计基础课程课堂学习之后的一个重要内容，也是培养学生设计能力的一个重要实践环节。其目的如下：

（1）使学生综合运用所学机械设计基础课程及相关先修课程的知识，进行一次较为全面的机械设计基本技能的训练，使所学知识得到进一步巩固、深化和拓展。

（2）使学生掌握机械设计的一般方法和步骤，培养和锻炼学生独立进行机械设计的能力，并为后续专业课程设计及毕业设计打下良好基础。

（3）使学生具有运用标准、手册、图册等设计资料的能力，培养学生分析和解决机械工程实际问题的能力。

（4）使学生树立正确的设计思想，处理好借鉴和创新、设计与选用、设计计算与结构设计等的关系。

1.2 课程设计的内容

由于机械设计基础课程设计一般集中在两周进行，既要全面锻炼学生的设计能力，又要控制工作量和设计难度，因此通常选择一般用途的机械传动装置作为设计内容。

传动装置是一般机械不可缺少的组成部分，其设计内容既包括课程中学过的主要零件，又涉及机械设计中经常遇到的一般问题，因此能达到进行课程设计的目的。

图1-1为以齿轮减速器为主的三种传动方案。

当选择一般用途的机械传动装置作为设计内容时，具体设计环节包括传动装置的总体设计、传动零件的设计、减速器装配草图的设计、装配工作图和零件工作图的绘制、设计计算说明书的编写及答辩等。

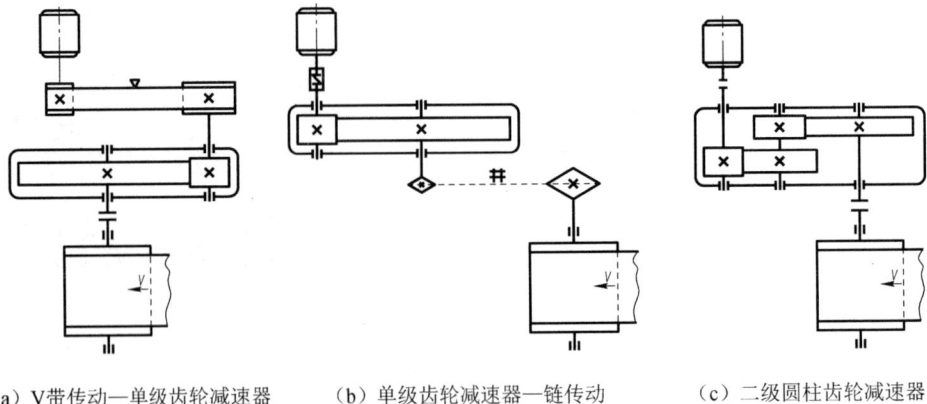

（a）V带传动—单级齿轮减速器　　　（b）单级齿轮减速器—链传动　　　（c）二级圆柱齿轮减速器

图 1-1　以齿轮减速器为主的三种传动方案

1.3　课程设计的任务和步骤

单级齿轮减速器课程设计要求在规定的时间内（一般为两周）完成以下任务：

（1）绘制减速器装配图一张（A0 或 A1 图纸）。

（2）绘制零件工作图 1～2 张。

（3）编写设计计算说明书一份。

（4）答辩。

课程设计的具体步骤如下：

（1）设计准备，包括熟悉设计任务书，明确设计内容和要求；通过装拆减速器实物或模型、阅读有关资料等了解减速器的结构组成；准备好设计需要的图书、资料和用具等。

（2）传动装置的总体设计，包括确定传动装置的传动方案；计算电动机的功率、转速，选择电动机的型号；计算传动装置的运动和动力参数（确定总传动比，分配各级传动比，计算各轴的转速、功率和转矩等）。

（3）传动零件的设计，包括减速器以外的传动零件设计（如带传动、链传动等），减速器内部的传动零件设计（如齿轮传动等）。

（4）装配图的设计，包括确定减速器的结构方案和相应尺寸；选择联轴器，选择轴承或设计轴承组合的结构；确定轴上力的作用点及轴承支点距离；校核轴及轮毂连接的强度；校核轴承寿命；进行箱体和附件的结构设计。

（5）绘制减速器装配图，包括三视图、必要的标注、零件编号及明细表和标题栏、技术特性及技术要求等。

（6）绘制主要零件工作图（由指导教师指定）。

（7）整理设计计算说明书。

（8）总结设计的收获和经验教训，准备答辩。

为确保设计进度，下面将各阶段所占时间列出供参考（见表 1-1）。指导教师可根据学生是否按时完成各阶段的设计任务来考察其设计能力，并作为评定成绩的依据之一。

表 1-1　单级圆柱齿轮减速器课程设计时间安排表

设计内容	总体设计及传动零件设计	装配草图设计	装配图及零件图设计	整理说明书	答辩
时间/天	2	2	4	1	1

1.4　课程设计中应注意的问题

课程设计这一实践环节与机械设计的一般过程相似，即从方案设计开始，进行必要的设计计算、结构设计及标准件的选型、验算，最终以图纸表达设计结果、以设计说明书表达设计依据。

若要使设计出来的产品在生产实际中好用、耐用，则设计过程中需要综合考虑强度、刚度、结构、工艺、装配、润滑、密封、维护检修等一系列问题，所以影响设计的因素很多。设计工作是一项严谨的工作，一点也不能马虎，要通过课程设计培养学生认真、细致、严谨的作风。

在课程设计中应注意以下事项：

1）独立思考、认真设计

课程设计是在教师指导下由学生独立完成的设计训练。在进行课程设计时，教师应倡导学生独立思考、深入钻研，不怕烦琐、认真设计。

装配草图是保证设计质量的关键，因此在草图上应着重注意各零件之间的相对位置关系、零件的定位及装拆等。

2）随时记录和整理数据、及时检查和修正问题

课程设计开始时就应准备好一本草稿本，把设计过程中考虑的问题、查阅的数据、进行的设计计算等进行及时的记录和整理。这本草稿本既可以供编写设计说明书时使用，也便于随时检查和修改。

与理论学习的要点有所不同，设计决不仅仅是单纯的理论计算，而往往是一个边画图、边计算、边修改的过程。计算和绘图互为依据，交替进行。过度依赖理论计算而不敢修正结构尺寸、不敢画图的做法是不正确的。在设计的每个阶段都要及时进行自查或互查，有问题及时修正，以免造成大的差错或返工。

3）正确处理借鉴与创新的关系，贯彻标准化

设计工作是极为烦琐细致的工作，人们在长期的生产实践中积累了许多可供参考或借鉴的宝贵经验和资料，学习和利用这些经验和资料，可以加快设计的进程、避免重复工作。这些经验和资料是提高设计质量的保证，也是创新的基础。

设计是继承与创新结合的过程，任何一个设计任务的解决方案都不是唯一的。因此设计过程中提倡学生从实际出发，主动地、创造性地进行设计，反对不求甚解或照抄照搬。

在设计中要贯彻标准化、系列化和通用化。设计中采用的滚动轴承、皮带、链条、联轴

器、紧固件和密封件等尽量采用标准件，从而保证互换性和经济性。对于国家标准或行业标准，一般都要严格遵守。当遇到国家标准或行业标准与设计要求有矛盾时，也可以突破标准，自行设计。

4）正确处理设计计算和结构设计间的关系，统筹兼顾

在机械设计中由理论计算式得到的一些参数值通常只是确定零件尺寸的基本参考依据，这些数据有时要圆整（如中心距 a）或标准化（如齿轮模数 m），有时要综合考虑系统的结构设计（如各零件间的配合、合理的位置关系等）才能确定出合理的结果。具体有以下几种不同的情况：

（1）由几何关系导出的公式是严格的等式关系。若改变其中某一参数，则其他参数必须相应改变。例如，斜齿轮传动的中心距 $a=m(z_1+z_2)/(2\cos\beta)$，如欲将 a 圆整，则必须相应地改动螺旋角 β（或调整 m、z），以保证其恒等式关系。

（2）由强度、耐磨性等条件导出的公式是不等式关系。其常常是机械零件必须满足的最小尺寸，但通常不是最终采用的结构尺寸。例如，由强度条件算得轴的某段直径不小于 28mm，但考虑与之相配零件（如滚动轴承、联轴器、齿轮等）的规格、装拆或加工制造等要求，最终采用的尺寸可能为 40mm，这也是合理的。

（3）由实践经验总结出来的经验公式，常用于确定那些外形复杂，强度分析较复杂时的尺寸。例如，箱体的结构尺寸、大齿轮、大带轮轮辐部分的尺寸等。这些尺寸关系都是近似的，一般应圆整取用。

另外，还有一些尺寸可由设计者自行根据需要而定，如定位轴套、挡油盘等零件强度往往不是主要问题，又无经验公式可循，故可根据加工、使用等条件，参照类似结构用类比的方法来确定。

以上所讲的是设计中的几个主要注意事项，在整个设计过程中还有许多具体的注意问题，将在相应章节进行说明。

第 2 章

传动装置的总体设计

传动装置的总体设计包括传动方案的拟定、电动机的选型、分配各级传动比及计算传动装置的运动和动力参数，为后续设计计算各级传动零件做准备。

2.1 传动方案的分析和拟定

2.1.1 传动装置的组成方案

机器一般都由原动机、传动装置和工作机三部分组成。其中传动装置通常包括机械传动（齿轮传动、带传动、链传动等）和支承（轴、轴承、箱体等）两部分。传动装置的设计对整台机器的性能、尺寸、质量和成本等都有很大影响，因此传动方案的拟定是整台机器设计中最关键的环节。

合理的传动方案应能满足工作机的使用要求，具有结构简单、效率高、成本低廉、维护方便等特点。当然采用不同的传动机构、不同的布局和组合，可得到不同的传动方案。课程设计中，学生应根据各种传动的特点统筹兼顾，拟定出最优传动方案，做总体布置，并绘制出传动方案示意图。

选择传动机构类型的基本原则如下：

（1）传递大功率时，应充分考虑提高传动装置的效率，以减少能耗、降低运行费用，如选用齿轮传动等效率高的机构。传动小功率时，在满足要求的条件下，可选结构简单、制造方便的传动形式，以降低制造费用。

（2）传动比要求严格、尺寸要求紧凑的场合，可选用齿轮传动或蜗杆传动。其中蜗杆传动效率低，适用于中小功率、间歇运转的场合。

（3）载荷变化及可能过载的场合，应考虑缓冲吸振及过载保护问题，可选用带传动、弹性联轴器或其他过载保护装置。

（4）在多粉尘、易燃易爆或其他环境恶劣的场合，不宜采用带传动或其他摩擦型传动，宜选用链传动、闭式齿轮传动或蜗杆传动。

当采用多级传动时，要合理布置传动顺序，扬长避短，力求经济合理。以下几条原则可供设计时参考：

（1）摩擦型带传动（平带、普通 V 带及窄 V 带等）宜布置在高速级，这样有利于发挥其传动平稳，缓冲吸振，过载保护、降低噪声等优势。

（2）链传动是链轮和链条间的啮合传动，工作可靠，能适应恶劣的工作条件。由于其存在运动不均匀性，冲击振动大，因此宜布置在低速级。

（3）斜齿圆柱齿轮的传动平稳性比直齿轮更好，承载能力也更高。二者同时采用时，斜齿轮宜布置在高速级。

（4）圆锥齿轮可实现相交轴（轴交角一般为90°）之间运动的传递。由于圆锥齿轮尺寸过大时加工有困难，因此宜布置在高速级，并限制其传动比。

（5）蜗杆传动平稳，传动比大。当蜗杆传动和齿轮传动同时应用时，蜗杆传动一般布置在高速级，以利于工作齿面间形成流体动压润滑油膜，提高传动效率，延长使用寿命。

常用机械传动及支承等的效率和传动比概略值如表 2-1 所示。

表 2-1　常用机械传动及支承等的效率和传动比概略值

类型	传动类别	效率	单级传动比	
			一般范围	最大值
带传动	普通 V 带传动	0.90~0.95	2~4	7
滚子链传动	开式	0.90~0.93	2~4	8
	闭式	0.95~0.98		
圆柱齿轮传动	7 级精度（油润滑）	0.98	3~5	10
	8 级精度（油润滑）	0.97		
	9 级精度（油润滑）	0.96		
	开式传动（脂润滑）	0.94~0.96	4~6	15
圆锥齿轮传动	7 级精度（油润滑）	0.97	2~3	6
	8 级精度（油润滑）	0.94~0.97		
	开式传动（脂润滑）	0.92~0.95		
蜗杆传动	自锁	0.40~0.45	开式 15~60	开式 100
	单头	0.70~0.75	闭式 10~40	闭式 80
	双头	0.75~0.82		
	三头和四头	0.82~0.92		
滚动轴承（一对）	球轴承	0.99	—	—
	滚子轴承	0.98		
滑动轴承（一对）	润滑良好	0.97~0.99	—	—
	润滑不良	0.94~0.97		
联轴器	凸缘联轴器	0.98	—	—
	金属滑块联轴器	0.95~0.98		
	齿式联轴器	0.99		
	弹性联轴器	0.99		
运输滚筒	—	0.96	—	—

有些专业因受学时限制，传动方案可在设计任务书中直接给出。此时，为加强学生对传动方案的理解和把握，应要求学生对给定方案进行分析，论述此方案的合理性；也可鼓励学生提出改进意见，另行拟定更合理的方案。

例如，图 1-1（a）中带式输送机传动方案为 V 带传动—单级圆柱齿轮减速器，而图 1-1（b）中带式输送机的传动方案为单级圆柱齿轮减速器—链传动。

2.1.2　确定齿轮减速器的形式

减速器是原动机和工作机之间独立的闭式传动装置，用以降低转速和增大转矩，以满足各种工作机械的需要。减速器的种类很多，按其传动类型的不同可分为齿轮减速器、蜗杆减速器和行星减速器。为便于生产和选用，常用减速器已标准化，由专门工厂成批生产。标准减速器的有关技术资料，可查阅机械设计手册、减速器手册等。若标准减速器不能达到相关设计要求，也可根据具体情况向厂家订制或自行设计制造非标准减速器。在生产实际中，标准减速器不能完全满足机器各种各样的功能要求，常常还要自行设计非标准减速器。

齿轮减速器传动效率及可靠性高，工作寿命长，维护简便，因而应用很广。齿轮减速器按其减速齿轮的级数可分为单级、两级、三级和更多级，按其轴在空间的布置又可分为立式和卧式。

图 2-1 为单级圆柱齿轮减速器的形式，传动比一般小于 5，可采用直齿、斜齿或人字齿齿轮。工艺简单，精度易于保证，一般工厂均能制造。轴线可做水平布置或铅垂布置（立式）。

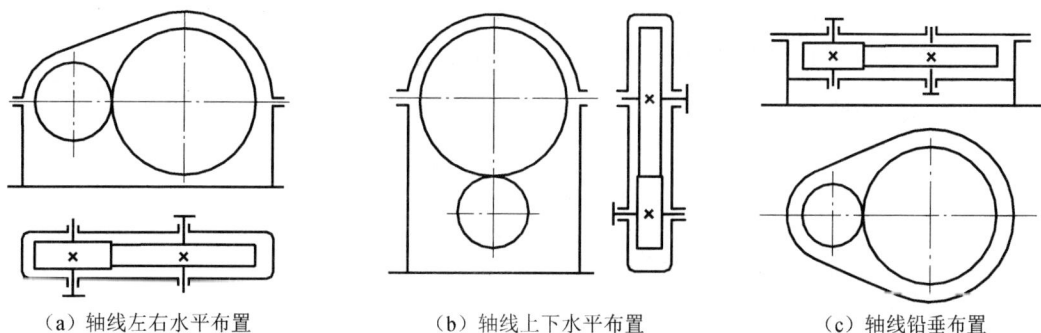

（a）轴线左右水平布置　　　　（b）轴线上下水平布置　　　　（c）轴线铅垂布置

图 2-1　单级圆柱减速器的形式

在使用上没有特殊要求时，轴线尽量采用图 2-1（a）所示的水平布置（卧式）。此时，减速器箱体常采用沿齿轮轴线水平剖分的结构，有利于加工和装配。

本书后续章节关于减速器的详细设计内容也是以图 2-1（a）所示的简图结构为例进行介绍的，但大部分方法和内容对其他形式仍具有借鉴意义。

2.2　电动机的选择

电动机已经标准化、系列化。在设计中应根据工作机的特性和工作环境、工作载荷的大小和性质等，选择电动机的类型、功率和转速，并在产品目录中查出电动机的型号和尺寸。

2.2.1　电动机类型的选择

电动机有交流电动机和直流电动机之分。由于直流电动机需要直流电源，结构较复杂，价格较高，维护也不够方便，因此无特殊要求时不宜采用。一般生产单位都采用三相交流电源，故采用交流电动机可直接连接到三相交流电路中，使用方便。

交流电动机分为异步电动机和同步电动机两类。工业上应用最为广泛的是三相交流异步电动机，其具有结构简单，使用和维护方便的特点。常用的三相交流异步电动机类型有如下几种：

1）Y 系列三相交流异步电动机

Y 系列三相交流异步电动机是一般用途的全封闭自扇冷式笼型三相异步电动机，是按照国际电工委员会（IEC）标准设计的，具有效率高、性能好、噪声低、振动小和国际互换性的特点，适用于无易燃易爆或腐蚀性气体的一般场所和无特殊要求的长期连续工作的机械，如风机、泵、运输机械、金属切削机床等。

2）YZ 系列和 YZR 系列冶金及起重用三相交流异步电动机

YZ 系列和 YZR 系列冶金及起重用三相交流异步电动机分别是笼型电动机和绕线转子电动机，是用于驱动起重、提升设备的专用系列产品。它们具有较小的转动惯量和较大的过载能力，特别适用于频繁起动和制动、正反转，以及有显著振动和冲击的设备。

根据不同的防护要求，电动机的结构有防滴式、封闭自扇冷式和防爆式等，为适应不同的输出轴要求和安装需要，电动机又有不同的安装形式，可根据具体工况进行选择。

常用的 Y 系列三相异步电动机的技术数据和外形尺寸可参见本书的附录 C。

2.2.2　电动机功率的确定

电动机功率的选择是否合适，将直接影响电动机的工作性能和经济性能。若功率选得过小，则不能保证工作机的正常工作，或使电动机因过载而过早损坏；若功率选得过大，则电动机的价格高，能力又得不到充分发挥，而且由于电动机经常不能满载运行，使其效率和功率因数都较低从而造成能源的浪费。

对于载荷比较稳定、长期运转的机械（如运输机），通常按照电动机的额定功率选择，而不必校核电动机的发热和起动转矩，选择电动机功率时应保证：

$$P_0 \geqslant P_r \tag{2-1}$$

式中，P_0——电动机额定功率，kW；

P_r——工作机所需的电动机功率，kW。

工作机所需的电动机功率按式（2-2）计算：

$$P_r = \frac{P_w}{\eta} \tag{2-2}$$

式中，P_w——工作机所需的有效功率，由工作机的工艺阻力及运行参数确定，kW；

η——从电动机到工作机的总传动效率。

工作机所需的有效功率 P_w 可由机器工作阻力（或阻力矩）和运动参数（线速度或转速）计算求得，即

$$P_w = \frac{Fv}{1\,000} \tag{2-3a}$$

$$P_w = \frac{T\omega}{1\,000} \tag{2-3b}$$

$$P_{w} = \frac{Tn_{w}}{9\,550} \tag{2-3c}$$

式中，F——工作机的工作阻力，N；

　　　v——工作机的线速度，m/s；

　　　T——工作机的阻力矩，N·m；

　　　ω——工作机的角速度，rad/s；

　　　n_{w}——工作机的转速，r/min。

传动装置的总传动效率 η 由传动装置的组成决定。对于多级串联的传动装置，其传动总效率为

$$\eta = \eta_{1}\eta_{2}\eta_{3}\cdots\eta_{w} \tag{2-4}$$

式中，η_{1}，η_{2}，η_{3}，…，η_{w}——传动装置中各运动副和传动副（如带传动、轴承、齿轮、联轴器及运输滚筒等）的效率，其数值可在表 2-1 中选取。

计算总效率时，应注意以下几点：

（1）机械传动效率的概略值为一范围时，若情况不明一般取中间值。如果工作条件差，加工精度低，维护不良，则应取低值，反之取高值。

（2）轴承的效率值均指一对轴承的效率。

（3）动力每经过一个运动副或传动副，就会发生一次功率损耗，计算效率时不要遗漏。

2.2.3　电动机转速的确定

除了选择电动机的类型和功率外，还要确定适当的电动机转速，才能最终确定电动机的型号。因为同一类型、相同额定功率的电动机可能有几种不同的同步转速。同步转速是由电流频率与电动机定子绕组的极对数决定的磁场转速，是电动机空载时才可能达到的转速。

三相异步电动机的同步转速一般有 3 000r/min（2 极）、1 500r/min（4 极）、1 000r/min（6 极）及 750r/min（8 极）四种。通常，电动机同步转速越高，磁极对数越少，其外廓尺寸越小，质量越小，价格越低。但是电动机转速过高势必使总传动比加大，致使传动装置结构复杂，外廓尺寸加大，制造成本提高。当选用较低速的电动机时，有与之相反的结果。因此，确定电动机转速时，要对电动机和传动装置进行综合分析来选择最佳方案。

本课程设计中，一般建议取同步转速为 1 000r/min 或 1 500r/min 的电动机。如无特殊需要，一般不选用同步转速为 3 000r/min 和 750r/min 的电动机。

由选定的电动机类型、结构形式、所需功率和同步转速，可查产品样本或电机手册（也可参考附录 C 中的表格）确定电动机的型号。

2.3　传动比的计算及分配

2.3.1　总传动比的计算

根据电动机的满载转速 n_{m} 和工作机的转速 n_{w}，可算得传动装置应有的总传动比为

$$i = n_{m}/n_{w} \tag{2-5}$$

传动装置总传动比 i 是各级传动比 i_1，i_2，…，i_w 的连乘积，即

$$i=i_1i_2\cdots i_w \tag{2-6}$$

当设计多级传动的传动装置时，如何将总传动比 i 合理地分配给各级传动，即各级传动比如何取值，是一个重要的问题。

2.3.2 各级传动比的合理分配

各级传动比的分配是否合理将直接影响传动装置的外形尺寸、质量、成本、使用及维护等。分配传动比的一般原则为：

（1）各级传动比均应在荐用值的范围内，以符合各种传动形式的特点，使结构紧凑、工艺合理。各种传动比的荐用值可参考表 2-1。

（2）传动装置中各级传动间应尺寸协调、结构匀称，避免互相干涉、碰撞。

由普通 V 带和单级圆柱齿轮减速器组成的双级传动中，一般应使 $i_带 < i_齿$，这样既可以更好地发挥齿轮传动的优势，也可以使传动装置的结构更为紧凑。结构尺寸不协调及干涉现象如图 2-2 所示。

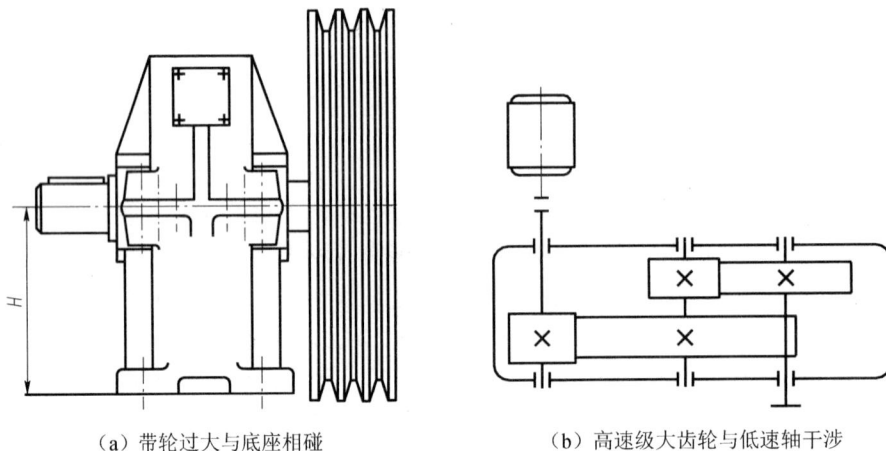

（a）带轮过大与底座相碰　　　　　　（b）高速级大齿轮与低速轴干涉

图 2-2　结构尺寸不协调及干涉现象

若带传动的传动比分配过大，大带轮的外缘半径大于减速器的中心高 H 时，如图 2-2（a）所示会造成尺寸不协调或安装不便，此时要解决大带轮与底座相碰的问题，如将地基挖坑或将电动机单独垫高。同样，在由单级齿轮减速器和滚子链传动组成的胶带运输机传动装置中，若链传动的传动比分配过大，也会使链轮的齿顶圆直径远大于运输机传动滚筒的直径 D，造成尺寸不协调或安装困难，参考图 1-1（b）。

如图 2-2（b）所示，在多级圆柱齿轮减速器中，由于高速级传动比选得过大，导致高速级大齿轮的齿顶圆与低速轴相干涉。

应该说明，分配的传动比只是初步选定的数值，实际传动比是由传动零件的参数和尺寸（如带轮基准直径、链轮数、齿轮齿数等）确定之后才能准确计算的。因此工作机的实际转速要在传动件设计计算完成后进行校验，若不满足要求应重新调整传动件参数，甚至重新分配传动比。通常，除特殊规定外，一般允许转速或传动比的误差为±（3%～5%）。

例 2.1 如图 2-3 所示的胶带运输机，胶带的有效拉力 F=1 000N，带速 v=2.2m/s。运输滚筒直径 D=500mm，滚筒长度 L=600mm。载荷平稳，常温下连续运转，工作环境多尘，电源为三相交流，电压 380V，试选择合适的电动机，并分配各级传动比。

解：

1）选择电动机类型

按工作要求及工作条件，选用 Y 系列三相异步交流电动机，封闭自扇冷式结构，电压为 380V。

2）确定电动机功率

根据式（2-3a），可得工作机所需功率为

$$P_w = \frac{Fv}{1\,000} = \frac{1\,000 \times 2.2}{1\,000} = 2.2(kW)$$

传动装置的总功率为

$$\eta = \eta_1 \eta_2^2 \eta_3 \eta_4 \eta_5 \eta_6$$

按表 2-1 确定各部分效率如下：

V 带传动的效率 $\eta_1 = 0.94$

一对滚动轴承的效率 $\eta_2 = 0.99$

闭式齿轮传动的效率 $\eta_3 = 0.97$（暂定精度 8 级）

金属滑块联轴器的效率 $\eta_4 = 0.97$

一对滑动轴承的效率 $\eta_5 = 0.97$

运输滚筒的效率 $\eta_6 = 0.96$

代入得：

$$\eta = 0.94 \times 0.99^2 \times 0.97 \times 0.97 \times 0.97 \times 0.96 \approx 0.807$$

所需的电动机功率为

$$P_r = \frac{P_w}{\eta} = \frac{2.2}{0.807} \approx 2.73\,(kW)$$

由电机手册或附表 C1 可选电动机的额定功率 P_0=3kW。

3）确定电动机转速

运输滚筒转速为

$$n_w = \frac{60 \times 1\,000 v}{\pi D} = \frac{60 \times 1\,000 \times 2.2}{\pi \times 500} \approx 84.03(r/min)$$

现以同步转速 1 000r/min 及 1 500r/min 两种方案进行比较，由电机手册或附表 C1 可查得电动机型号及满载转速等性能数据，列入表 2-2 中。

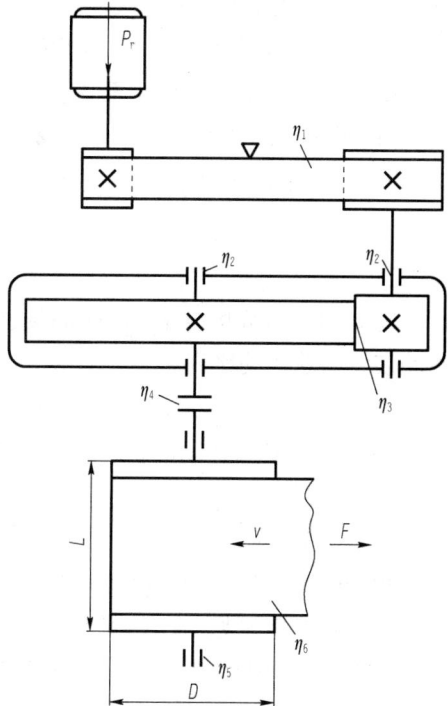

图 2-3 胶带运输机的传动示意图

表 2-2 电动机数据及传动装置传动比

方案	电动机型号	额定功率/kW	电动机转速/（r·min⁻¹）		传动装置传动比		
			同步转速	满载转速	总传动比	带传动	齿轮传动
1	Y132S⁻6	3	1 000	960	11.42	2.5	4.57
2	Y100L2⁻4	3	1 500	1 430	17.02	3.2	5.32

4）计算总传动比及分配传动装置的传动比

（1）先分析方案 1，若选择的是同步转速为 1 000 r/min 的电动机 Y132S–6，则由式（2-5）得，传动装置的总传动比为

$$i=n_m/n_w = 960/84.03 \approx 11.42$$

根据总传动比的大小及表 2-1 中传动比的推荐范围，初步选取 V 带传动的传动比 i_1'=2.5（注意：带传动的实际传动比 i_1 是设计 V 带传动时由所选大小带轮的基准直径之比计算得出的），则由式（2-6），可得单级齿轮减速器的传动比 i_2' 为

$$i_2' = \frac{i}{i_1'} = \frac{11.42}{2.5} \approx 4.57$$

（2）同理，分析方案 2，即如果选择的是同步转速为 1 500r/min 的电动机 Y00L2–4，则传动装置的总传动比为

$$i=n_m/n_w=1 430/84.03 \approx 17.02$$

初步选取 V 带传动的传动比 i_1'=3.2，则得单级齿轮减速器的传动比 i_2' 为

$$i_2' = \frac{i}{i_1'} = \frac{17.02}{3.2} \approx 5.32$$

将两组方案的传动比也一并列于表 2-2 中，以供比较。

比较两方案可见，方案 2 选用的电动机转速高，总传动比较大。为使传动装置结构紧凑，选用方案 1，即确定电动机型号为 Y132S–6。由附表 C2，查得其安装尺寸列于表 2-3 中。

表 2-3 所选电动机（Y132S–6 型）的外形数据和安装尺寸

（单位：mm）

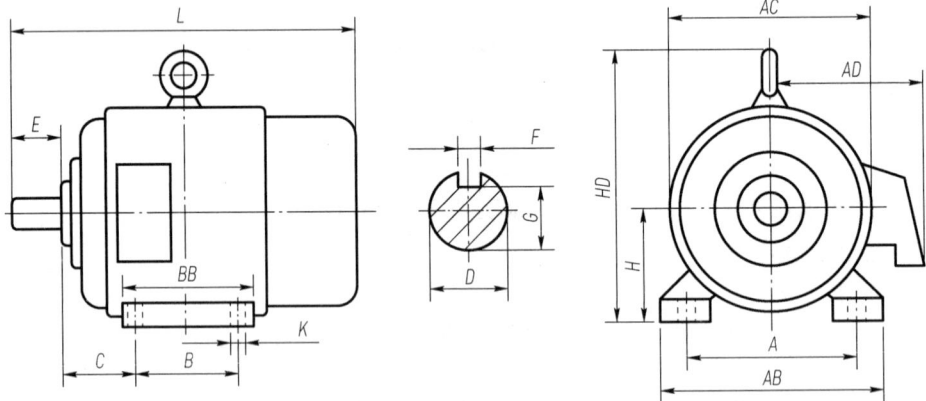

电动机中心高 H	132	键的宽度 F	10
外形尺寸 $L \times (AC/2+AD) \times HD$	475×（270/2+210）×315	底脚安装尺寸 $A \times B$	216×140
电动机轴伸尺寸 $D \times E$	38×80	底脚螺栓孔的直径 K	12

2.4 计算传动装置的运动和动力参数

在选定电动机型号、分配传动比之后，应将传动装置中各轴传递的功率、转速、转矩等计算出来，为后续传动零件和轴的设计计算、滚动轴承寿命计算、键连接的强度校核及选择联轴器提供依据。

计算各轴运动和动力参数时，应先将传动装置中各轴从高速级向低速级依次编号为Ⅰ轴、Ⅱ轴……电动机轴为 0 轴，如图 2-4 所示。按照电动机至工作机的运动传递路线推算，可得到各轴的运动和动力参数。

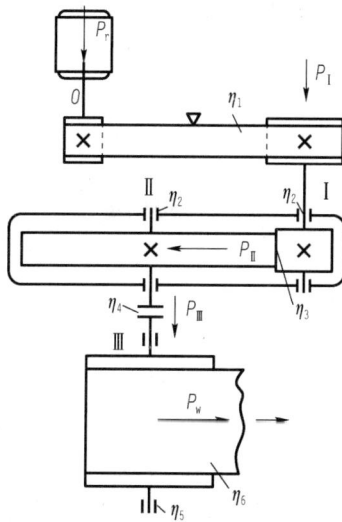

图 2-4 传动装置运动和动力参数分析示意图

1. 各轴的转速

各轴的转速可根据电动机的满载转速 n_m（r/min）及传动比进行计算。

Ⅰ轴：

$$n_I=n_m/i_1 \tag{2-7}$$

Ⅱ轴：

$$n_{II}=n_I/i_2 \tag{2-8}$$

工作机轴：

$$n_w=n_{III}=n_{II} \tag{2-9}$$

2. 各轴的输入功率

各轴输入功率的计算有两种计算方法，其一是按工作机所需的电动机功率 P_r 计算；其二是按所选电动机的额定功率 P_0 计算。按照 P_r 设计出的传动装置结构较为紧凑；由于一般所选用电动机的额定功率 P_0 大于工作机所需的功率 P_r，因此根据 P_0 算出的各轴功率和转矩都会大一些，而后续根据这些数据设计的传动零件尺寸也会较大，相应地，传动装置的承载能力会有一定的裕度。

如果按照第一种方法，即使用 P_r（kW）计算，可得各轴的输入功率为

Ⅰ轴：
$$P_{\text{I}}=P_r\eta_{01} \tag{2-10}$$

Ⅱ轴：
$$P_{\text{II}}=P_{\text{I}}\eta_{12} \tag{2-11}$$

工作机轴：
$$P_w=P_{\text{III}}=P_{\text{II}}\eta_{23} \tag{2-12}$$

式中，η_{01}，η_{12}，η_{23}——电动机轴至Ⅰ轴、Ⅰ轴至Ⅱ轴、Ⅱ轴与工作机轴间的传动效率。

3. 各轴的转矩

各轴转矩的计算如下。

0 轴（电动机轴）：
$$T_0=9\,550P_r/n_m \tag{2-13}$$

Ⅰ轴：
$$T_{\text{I}}=T_0i_1\eta_{01} \tag{2-14}$$

Ⅱ轴：
$$T_{\text{II}}=T_{\text{I}}i_2\eta_{12} \tag{2-15}$$

工作机轴：
$$T_w=T_{\text{III}}=T_{\text{II}}\eta_{23} \tag{2-16}$$

式中，T_0——电动机的输出转矩，N·m。

例 2.2 根据例 2.1 的已知条件和计算结果，计算图 2-4 所示传动装置中各轴的运动和动力参数。

解：

1）各轴的转速

由式（2-7）～式（2-9）得各轴的转速为

Ⅰ轴：$\quad n_{\text{I}}=n_m/i_1=960/2.5=384(\text{r/min})$

Ⅱ轴：$\quad n_{\text{II}}=n_{\text{I}}/i_2=384/4.57\approx84.03(\text{r/min})$

卷筒轴：$\quad n_w=n_{\text{II}}=84.03(\text{r/min})$

2）各轴的输入功率

由式（2-10）～式（2-12）得各轴的输入功率为

Ⅰ轴：$\quad P_{\text{I}}=P_r\eta_{01}=P_r\eta_1=2.73\times0.94\approx2.57(\text{kW})$

Ⅱ轴：$\quad P_{\text{II}}=P_{\text{I}}\eta_{12}=P_{\text{I}}\eta_2\eta_3=2.57\times0.99\times0.97\approx2.47(\text{kW})$

卷筒轴：$\quad P_w=P_{\text{III}}=P_{\text{II}}\eta_{23}=P_{\text{II}}\eta_2\eta_4=2.47\times0.99\times0.97\approx2.37(\text{kW})$

3）各轴的转矩

由式（2-13）计算 0 轴的输出转矩为

$$T_0 = 9\,550 P_r / n_m = 9\,550 \times 2.73 / 960 \approx 27.16 (\text{N} \cdot \text{m})$$

由式（2-14）～式（2-16）得Ⅰ轴、Ⅱ轴、卷筒轴的转矩为

Ⅰ轴：$\qquad\qquad T_I = T_0 i_1 \eta_{01} = 27.16 \times 2.5 \times 0.94 \approx 63.83(\text{N} \cdot \text{m})$

Ⅱ轴：$\qquad\qquad T_{II} = T_I i_2 \eta_{12} = 63.83 \times 4.57 \times 0.99 \times 0.97 \approx 280.12(\text{N} \cdot \text{m})$

卷筒轴：$\qquad T_w = T_{III} = T_{II} \eta_{23} = 280.12 \times 0.99 \times 0.97 \approx 269(\text{N} \cdot \text{m})$

为了后续设计过程中使用方便，将上述计算结果汇总于表 2-4 中。

表 2-4   各轴运动和动力参数的计算结果

轴的编号	输入功率 P/kW	输入转矩 T/（N·m）	转速 n/（r·min^{-1}）	传动比 i	效率 η
0（电动机轴）	2.73（输出）	27.16（输出）	960	2.5	0.94
Ⅰ	2.57	63.83	384		
				4.57	0.96
Ⅱ	2.47	280.12	84.03		
Ⅲ（卷筒轴）	2.37	269	84.03	1	0.96

第 3 章 单级圆柱齿轮减速器的结构

减速器的类型很多，但通用减速器的基本结构均由箱体、传动件（齿轮）、轴系部件及附件等组成。本章简要介绍减速器箱体及附件。

图 3-1 为单级圆柱齿轮减速器的典型结构。

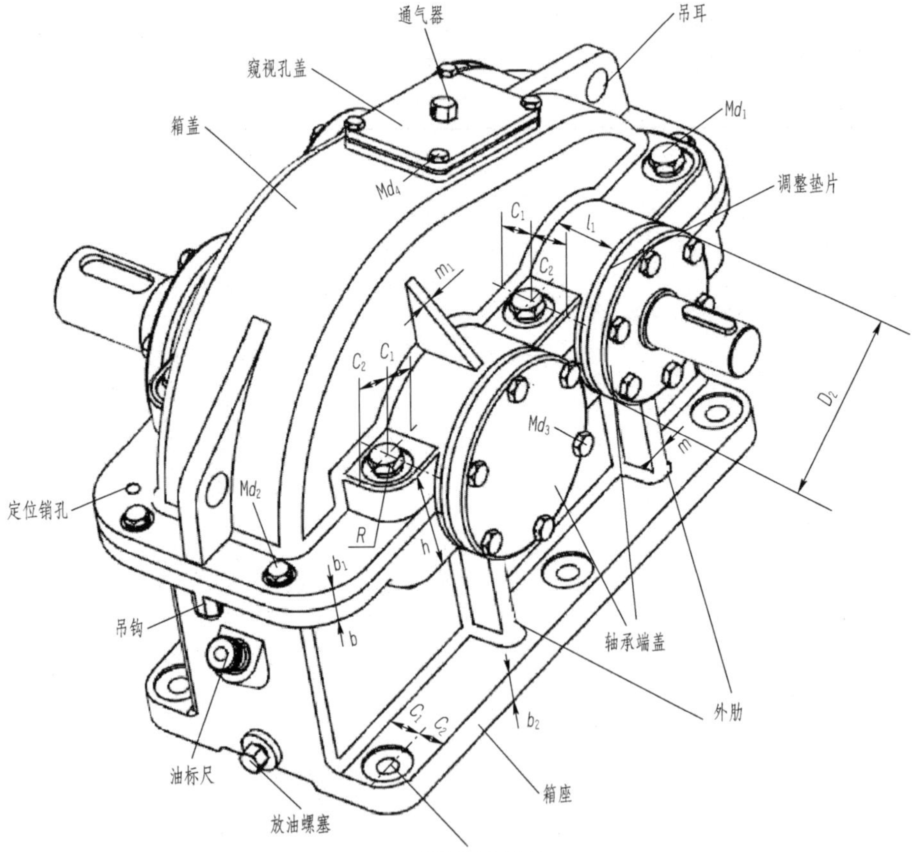

图 3-1　单级圆柱齿轮减速器的典型结构

3.1　箱体的结构

箱体是减速器的重要组成零件，用以支承和固定轴系零件，也使箱内零件具有良好的密封和润滑。为保证传动零件的啮合精度，箱体应具有足够的强度和刚度。箱体的具体结构对减速器的工作性能、制造工艺、材料消耗、质量及成本等有很大影响，设计时必须全面考虑。

1. 铸造箱体和焊接箱体

按毛坯制造方法不同，箱体可分为铸造箱体和焊接箱体。减速器箱体多用铸铁（HT150或 HT200）制造，图 3-1 中的箱体即是铸造而成的。铸铁具有良好的铸造性能和切削加工性能，成本低。对于重型减速器，为提高箱体强度也可采用铸钢。铸造箱体适用于成批生产，可实现复杂的结构形状，但制造周期长，质量较大。在设计铸造箱体时应考虑其工艺特点，尽量使壁厚均匀，过渡平缓。

铸铁箱体各部分的结构尺寸可参阅表 3-1 及表 3-2。

表 3-1　圆柱齿轮减速器铸铁箱体的结构尺寸

（单位：mm）

名称	符号	荐用尺寸关系		设计选用值
箱座壁厚	δ	一级	$0.025a+1\geqslant 8$	
		二级	$0.025a+3\geqslant 8$	
箱盖壁厚	δ_1	一级	$0.02a+1\geqslant 8$	
		二级	$0.02a+3\geqslant 8$	
箱座上部凸缘厚度	b	1.5δ		
箱盖凸缘厚度	b_1	$1.5\delta_1$		
箱座底凸缘厚度	b_2	2.5δ		
箱座上的肋厚	m	$>0.85\delta$		
箱座上的肋厚	m_1	$>0.85\delta_1$		
底脚螺栓直径	d_f	$0.036a+12$		
底脚螺栓数目	n	$a\leqslant 250，n=4$ $a>250\sim 500，n=6$		
轴承旁连接螺栓直径	d_1	$0.75d_f$		
箱盖与箱座连接螺栓直径	d_2	$(0.5\sim 0.6)d_f$		
轴承端盖螺钉直径	d_3	$(0.4\sim 0.5)d_f$		
窥视孔盖螺钉直径	d_4	$(0.3\sim 0.4)d_f$		
定位销的直径	d_5	$(0.7\sim 0.8)d_2$		
d_f、d_1、d_2 至外箱壁距离	C_1	即扳手空间，见表 3-2		
d_f、d_1、d_2 至凸缘边缘距离	C_2			
轴承端盖（即轴承座）外径	D_2	$D_2 =$ 轴承孔直径 $D+(5\sim 5.5)d_3$		
轴承旁凸台高度	h	根据低速级轴承座外径和 Md_1 扳手空间 C_1 的要求确定		

名称	符号	荐用尺寸关系	设计选用值
轴承旁边凸台半径	R_1	$\approx C_2$	
轴承旁连接螺栓的距离	S	以 Md_1 螺栓和 Md_3 螺栓互不干涉为准，尽量靠近，一般取 $S \approx D_2$	
箱体外壁至轴承座端面的距离	l_1	$C_1 + C_2 + (5 \sim 8)$	
轴承座孔长度（即箱体内壁至轴承座端的距离）	l_2	$l_1 + \delta$	
大齿轮顶圆与箱体内壁间的距离	Δ_1	$\Delta_1 > 1.2\delta$	
小齿轮端面与箱体内壁的距离	Δ_2	$\Delta_2 > \delta$	

注：1. 表中 a 为中心距，多级传动时，a 取大值。
2. 当算出的 δ、δ_1 值小于 8mm 时，考虑铸造工艺，应取 8mm。

表 3-2　扳手空间 C_1、C_2

（单位：mm）

螺栓直径	M8	M10	M12	（M14）	M16	（M18）	M20	（M22）	M24	（M27）	M30
C_{1min}	13	16	18	20	22	24	26	30	34	36	40
C_{2min}	11	14	16	18	20	22	24	26	28	32	34

注：带括号者为第二系列。

单件生产的减速器，特别是大型减速器，为了减小质量，降低成本，可采用钢板焊接箱体，如图 3-2 所示。焊接箱体的壁厚为铸造箱体壁厚的 0.7～0.8 倍质量，一般是铸造箱体的 1/4～1/2，生产周期短，但焊接时容易产生热变形，故要求较高的焊接技术并在焊后做退火热处理以消除内应力。

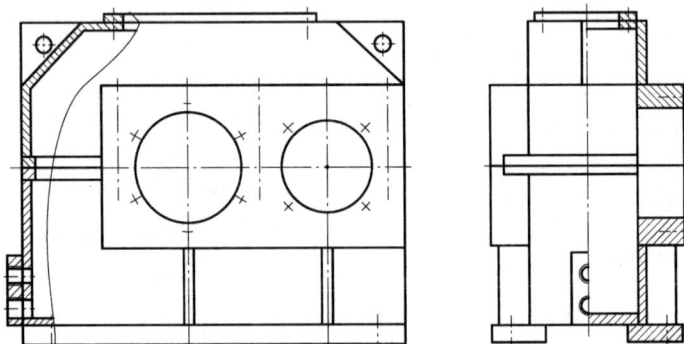

图 3-2　单级减速器的焊接箱体

2. 剖分式箱体和整体式箱体

箱体从结构形式上可分为剖分式箱体和整体式箱体。

剖分式箱体便于减速器的装配和维护，应用广泛。剖分面多取传动件轴线平面，图 3-1 中的箱体即有一个水平剖分面，有利于轴系部件的安装和拆卸。剖分结合面必须有一定的宽度，并且要求仔细加工。

图 3-1 中箱体由箱盖和箱座两部分组成，通过普通螺栓连接成一整体。为了保证箱体具有足够的刚度，在轴承座附近设有加强肋。轴承座旁的连接螺栓应尽量靠近轴承座孔，且轴承座旁的凸台应具有足够的承托面，以便放置螺栓，并保证旋紧螺栓时需要的扳手空间。为了保证减速器安置在基座上的稳定性，并尽可能减少箱体底座平面的机械加工面积，箱体底座一般不采用完整的平面。图 3-1 中减速器下箱底座面采用两块矩形加工基面。

近年来，减速器箱体设计出现了一些外形简单、整齐的造型，如以方形小圆角过渡代替传统的大圆角曲面过渡，上下箱体连接处的外凸缘改为内凸缘结构，加强肋和轴承座均设计在箱体内部等。

整体式箱体结构紧凑，具有孔的加工精度高、零件少、质量小等特点，但轴系装配较复杂。

3.2　减速器的主要附件

为了保证减速器的正常工作，减速器箱体上通常设置一些装置或附加结构（见图 3-1），以便于减速器润滑油池的注油、排油、检查油面高度、拆装、检修、吊运等。

1. 窥视孔及窥视孔盖板

为了检查传动零件的啮合情况、接触斑点、侧隙并向箱体内注入润滑油，应在箱体的适当位置设置窥视孔（检查孔）。如图 3-1 所示，窥视孔应设在箱盖顶部能够直接观察到齿轮啮合部位的地方，通常为长方形，其大小视减速器大小而定。中等及以上尺寸的减速器应允许将手通过窥视孔伸入箱内，以便检查齿轮啮合情况。

平时，窥视孔用盖板、垫片和螺钉封闭，以防止润滑油的渗漏和杂物进入。

2. 通气器

减速器工作时，箱体内温度升高，气体膨胀，压力增大，为使箱内受热膨胀的空气能自由地排出，以保证箱体内外压力平衡，不致使润滑油沿分箱面、外伸轴密封处等缝隙渗漏，通常在箱体顶部装设通气器。

图 3-1 中采用的通气器是具有垂直相通气孔的通气螺塞（具体结构参考图 6-19）。通气螺塞旋紧在检查孔盖板下凸台的螺孔中。这种通气螺塞无过滤装置，适用于工作环境较为清洁的场合。网式通气器也是常用的结构形式，因装有过滤网，可用于工作环境多尘的场合，防尘效果较好。图 3-3 给出了两种网式通气器的结构。

3. 油面指示器

为了检查减速器内油池油面的高度，以便保证油池内有适当的油量，一般在箱体便于观察、油面较稳定的部位，装设油面指示器。图 3-1 采用的油面指示器是油标尺。

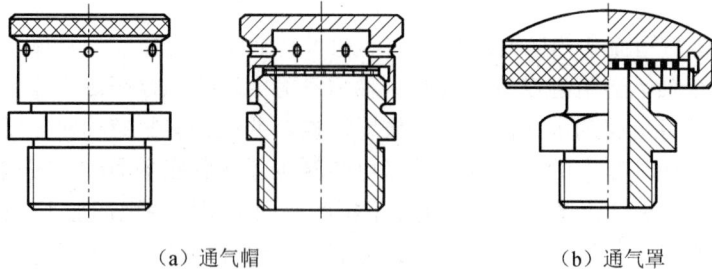

（a）通气帽　　　　　　　　（b）通气罩

图 3-3　网式通气器的结构形式

除此之外，常用的油面指示器还有管状油标、圆形油标等多种形式，如图 3-4 所示。其具体的规格及结构尺寸可参考 JB/T 7941—1995。

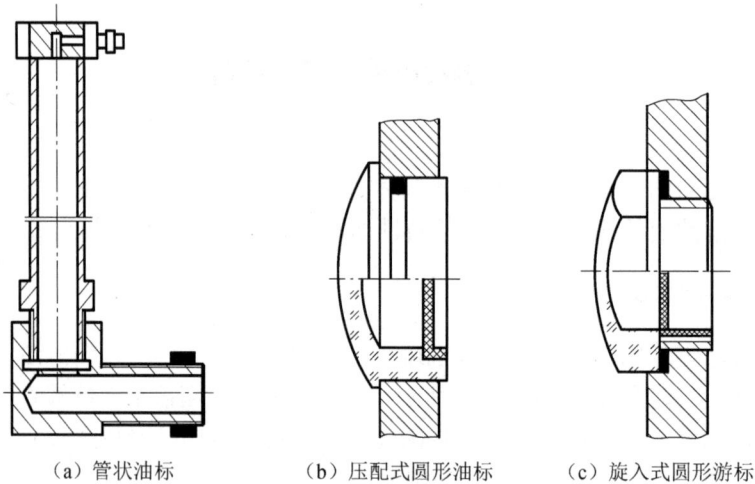

（a）管状油标　　　　　（b）压配式圆形油标　　　　（c）旋入式圆形游标

图 3-4　油面指示器的各种形式

4. 放油螺塞

换油时，为了排出污油和清洗剂，在箱体底部、油池的最低位置处开设放油孔。平时放油孔用带有细牙螺纹或管螺纹的螺塞堵住，螺塞的结构和规格参考附表 B8。为加强密封，放油螺塞和箱体结合面间应加设封油垫圈。

5. 定位销

为了精确地加工轴承座孔，并保证每次拆装箱盖时，轴承座的上下半孔始终保持位置精度，需在精加工轴承座孔前，在上箱盖和下箱座的连接凸缘上配装至少两个定位销。定位销应相距较远，并呈非对称布置以加强定位效果。定位销的位置还应考虑钻孔、铰孔的便利，且不应妨碍临近连接螺栓的装拆。

如表 3-1 所示，定位销直径 d_5 可取为 $(0.7\sim0.8)d_2$，其中 d_2 为箱盖与箱座连接螺栓直径。公称直径取为标准值，具体可参考附表 B6。对于圆锥销，其公称直径指的是小端直径。

6. 启盖螺钉

为了加强密封效果，通常装配时在箱体剖分面上涂以水玻璃或密封胶，导致箱盖与箱座结合过紧而不易分开。为便于开启箱盖，常在箱盖连接凸缘的适当位置加工出 1～2 个螺孔，旋入半球形或圆柱端的启盖螺钉，如图 3-5 所示。在启盖时，便可先旋动启盖螺钉来将上箱盖顶起。

7. 起吊装置

当减速器的质量超过 25kg 时，为了便于搬运，常需在箱体上设置起吊装置。

图 3-1 的上箱盖铸出了起重吊耳，用于搬运或拆卸箱盖。下箱座铸出两个吊钩，用以搬运箱座或整个减速器。

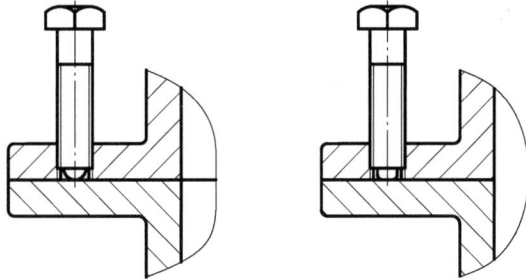

图 3-5　启盖螺钉的端部形式

为起吊箱盖，也可以在箱盖上铸出凸台并攻丝，安装吊环螺钉，如图 3-6 所示。吊环螺钉是标准件，设计时按起重量选取，其具体的结构尺寸及选择可参考附表 B7。

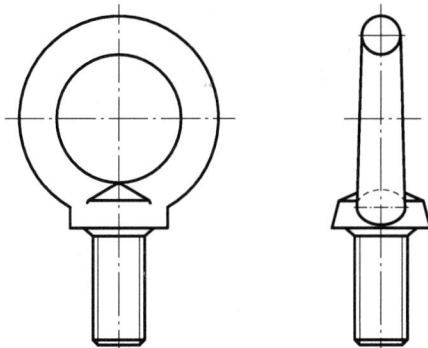

图 3-6　吊环螺钉

8. 轴承端盖和密封装置

为了固定轴系部件的轴向位置并承受轴向载荷，轴承座孔两端用轴承端盖密封。轴承端盖有凸缘式轴承端盖和嵌入式轴承端盖两种（参考图 6-1）。

图 3-1 采用的是凸缘式轴承端盖，并利用六角螺钉固定在箱体上。在伸出轴处的轴承端盖是透盖，与轴之间有间隙，必须安装密封件。密封件多为标准件，不同的密封件密封效果也不同，应该根据具体情况选用。凸缘式轴承端盖的优点是拆装、调整轴承比较方便，但和嵌入式轴承端盖相比，零件数目较多，尺寸较大，外观不够平整。

第 4 章

传动零件的设计

传动装置包括各种类型的零部件，其中决定其工作性能、结构布置和尺寸大小的主要是传动零件。支承零件和连接零件等通常都要根据传动零件的情况来设计或选用。因此，在设计齿轮减速器和绘制装配图前，一般先设计传动零件，即以第 2 章中计算得到的传动装置运动及动力参数相关数据及设计任务书给定的工作条件作为设计依据，确定传动零件的材料、热处理方法、参数、尺寸和主要结构。

减速器是独立的传动部件，当所设计的传动装置中，除减速器外还有其他传动零件时，为了使设计减速器时的原始条件比较准确，通常首先设计减速器外部的传动零件，如带传动、链传动等。这些传动件的参数确定后，减速器外部的实际传动比也就确定了。此时应检查初始设计计算的运动和动力参数有无变化，减速器的传动比是否需要修正，再设计计算减速器内部的传动零件。

各传动零件的设计方式，读者已在"机械设计基础"课程中学过，可参考教材复习有关内容。下面就传动零件设计的要求和需要注意的问题做简要的提示。

4.1 减速器外部传动零件的设计

通常，装配图只画减速器部分，一般不画外部传动零件。但是，对于减速器的外伸轴段，其结构和尺寸与其上传动零件（或联轴器）的尺寸及结构有关。

1. 带传动的设计

带传动设计的已知条件为工作条件及对传动位置、占用空间的要求，原动机的种类和所需的传动功率，主动轮和从动轮的转速要求（传动比）等。

在带传动设计中，需确定的内容主要是带的型号、长度和根数，带轮材料、直径和结构尺寸、工艺要求等，中心距、安装要求（初拉力、张紧装置）及对轴的作用力。

设计普通 V 带传动时，应注意小带轮的直径不要选得过小。轮径小使带的弯曲应力增大，降低带的疲劳寿命。由于带的根数增多造成各根带受力不均，一般应限制根数 $z<10$，常取 $z=3\sim6$。因此，在外廓尺寸允许的条件下，应令基准直径 d_1 大于规定的最小基准直径 d_{min}，并使带速 $v=5\sim25\mathrm{m/s}$，大、小带轮基准直径均符合标准系列。

带轮尺寸确定后，应检查带传动的尺寸在传动装置中是否合适，如直接装在电动机轴上的小带轮，其外圆半径是否小于电动机的中心高，其轮毂孔径是否与电动机轴直径相等；大带轮外圆是否与减速器底架或其他零件相碰（参考图 2-2）。如有不适的情况，应考虑改选带轮直径，重新进行设计。在带轮直径确定后应计算出带传动的实际传动比和大带轮的转速，并以此修正第 2 章中计算的减速器的传动比和输入转矩。

带轮的结构及尺寸可查阅教材或机械设计手册的相应篇章，并画出其结构草图。

2. 链传动的设计

对于链传动设计，设计的已知条件为传递功率、载荷特性和工作情况，主动链轮和从动链轮的转速要求，传动布置的要求及润滑情况等。

在滚子链传动设计中，需确定链条的型号（链节距等）、排数和链节数，确定传动参数和尺寸（如中心距、链轮齿数等），设计链轮（如直径、轮毂宽度），确定对轴的作用力，确定润滑方式、张紧装置和维护要求等。

当采用单排链传动而计算出的链节距过大时，可改用双排链。为避免使用过渡链节，链节数最好取为偶数。对于三圆弧一直线的端面齿形已经标准化，有专门的刀具加工，因此在画链轮结构图时不必画出端面齿形图，轴向齿形则应按标准确定尺寸并在图中注明。

链传动设计时应使链轮的直径尺寸、轮毂尺寸等与减速器、工作机构相协调。在链轮齿数确定后应计算出链传动的实际传动比，并检查是否需要修正减速器的传动比。

3. 联轴器的选用

减速器一般通过联轴器与电动机轴和工作机轴相连接，可参考图 1-1 中的三种方案。联轴器的选用主要是联轴器类型的选择和联轴器型号的确定。

联轴器类型应根据工作要求来选择。对于电动机轴与减速器高速轴之间用的联轴器，由于轴的转速较高，为了减小起动载荷，缓冲减振，应选用具有较小转动惯量的、带弹性元件的联轴器，如弹性柱销联轴器、弹性套柱销联轴器、梅花形联轴器等。对于减速器输出轴与工作机轴之间连接用的联轴器，由于轴的转速较低，传递的转矩较大，并且联轴器与工作机常不在同一机座上而往往有较大的轴线偏移，因此常选用有较高补偿功能的滑块联轴器、链条联轴器、齿式联轴器等。对于中小型减速器，也可选用弹性柱销联轴器等。

联轴器的型号按计算转矩、轴的转速和轴径大小来确定。选择联轴器时要求所选用的联轴器许用转矩大于计算转矩，允许的最高转速大于工作转速，并且该型号的毂孔直径应满足所连接两轴径的尺寸要求。若不能满足上述要求，则应重新选择。附录 D 中摘录了四类联轴器的技术数据，以供参考。

4.2　减速器内部传动零件的设计

在减速器外部传动零件的设计完成后，应检验原始计算的运动及动力参数有无变动。如有变动，应做相应的修改，再进行减速器内传动零件的设计计算。

齿轮的设计计算可参考教材所示的步骤和公式进行。设计中应注意以下几点。

1. 齿轮材料及热处理方法的选择

齿轮材料的选择，要考虑齿轮毛坯的制造方法。当齿轮的顶圆直径 $d_a \leqslant 500mm$ 时，一般采用锻造毛坯；当 $d_a > 500mm$ 或结构形状复杂不宜锻造时，因受锻造设备能力的限制，应采用铸铁或铸钢制造。

用热处理的方法可以提高材料的性能，尤其是提高硬度，从而提高材料的承载能力。按齿面硬度的不同，可以把钢制齿轮分为两类，即软齿面齿轮（齿面硬度 $\leqslant 350HBS$）和硬齿面齿轮（齿面硬度 $> 350HBS$）。若同为软齿面齿轮，大小齿轮的齿面硬度差一般为 $30 \sim 50HBS$，而硬齿面齿轮一般无硬度差。当今齿轮制造向着高精度、高性能的方向发展，提高齿面硬度可使传动装置体积小、质量小、传动功率大且寿命长。

2. 齿轮的结构

齿轮结构与尺寸和采用的材料、毛坯大小及制造方法有关。课程设计中采用的毛坯多为中小直径锻造毛坯。根据尺寸不同，齿轮的结构有齿轮轴、实体式、腹板式、孔板式等形式。

当齿轮直径和轴直径相差不大时，齿轮的齿根至键槽的距离小于 2.5 倍的齿轮法向模数，即 $x < 2.5m_n$，可将齿轮与轴可制成一体，称为齿轮轴，如图 4-1（a）所示。当齿根圆直径大于轴径 d，且 $x \geqslant 2.5m_n$ 时，齿轮可与轴分开制造，轮齿可以用滚齿或插齿加工。当 $x \geqslant 2.5m_n$ 且齿轮直径较小（如小于 200mm）时，可用轧制圆钢作为毛坯，制成实心（盘式）结构，如图 4-1（b）所示。对于直径较大的齿轮，常用腹板结构，并在腹板上加工孔（钻孔或铸孔），以便减小质量，并便于加工时装夹，如图 4-1（c）所示。

对于直径较大的齿轮，可采用铸造毛坯，对于单件或小批量生产的大齿轮，多采用铸造轮辐结构。

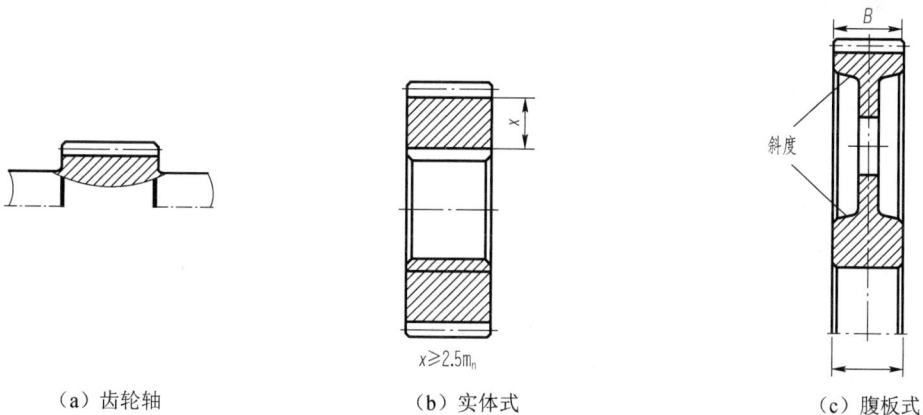

（a）齿轮轴　　　　　（b）实体式　　　　　（c）腹板式

图 4-1　齿轮的结构

3. 齿轮传动的中心距

设计的减速器若为大批生产，为提高零件的互换性，中心距等参数可参考标准减速器选取，如表 4-1 所示；若为单件或小批生产，中心距等参数可不必取标准减速器的数值。

表 4-1 标准减速器（一级和二级同轴式）的中心距 a

（单位：mm）

系列 1	63		71		80		90		100		112		125		140		160		180
系列 2		67		75		85		95		106		118		132		150		170	

注：当表中数值不够选用时，允许系列 1 按 R20、系列 2 按 R40 优先数系延伸。

为了制造、安装方便，最好使中心距取优先数系如 R40 系列中的值，这种取值的方法习惯称为中心距的圆整。对于直齿圆柱齿轮传动，可通过调整齿数 z、模数 m 或采取变位来实现中心距圆整；对于斜齿圆柱齿轮传动，还可以通过调整螺旋角 β 的大小来实现中心距取值的要求。

4. 齿轮参数

在齿轮强度计算公式中，不管是接触强度公式还是弯曲强度公式，载荷和几何参数都使用小齿轮的输出转矩 T_1 和直径 d_1（或 mz_1）。

齿轮传动的几何参数和尺寸有严格的要求，应分别进行标准化、圆整或计算其精确值。例如，模数 m 必须取标准值；分度圆、齿顶圆和齿根圆直径、螺旋角、变位系数、节圆、啮合角等尺寸必须计算其精确值。长度尺寸应精确到小数点后 2～3 位（单位为 mm），角度精确到秒（″），绝对不允许随意圆整。

除了中心距尽量圆整外，齿轮的其他结构尺寸，如轮毂直径和长度、轮辐厚度和孔径、轮缘长度和内径等，按照教材或机械设计手册中的经验公式计算后都应尽量圆整，以便于制造和测量。设计公式中的齿宽 b 指的是一对齿轮的工作宽度，为补偿齿轮轴向位置误差，应使小齿轮宽度大于大齿轮宽度。

大小齿轮的设计计算结果应及时整理并列表，同时画出齿轮结构简图，以备装配图设计时使用。

第 5 章

装配图设计第一阶段

装配图是表达各零件相互关系、结构形状及尺寸的图样，也是机器进行组装、调试、维护等环节的技术依据。因此，设计一般总是从装配图的设计开始。装配图设计必须综合地考虑零件的强度、刚度、制造工艺、装配、调整和润滑等各方面的要求，最终目的是确定所有部件和零件的结构和尺寸，为零件工作图的设计打下基础。

根据设计进程和设计内容，习惯将装配图设计分为两个阶段，统称装配草图设计阶段。装配草图设计阶段的设计不可避免地要进行反复修改才能得到较好的结构。因此，既要敢于动手，又不可草率，必须逐步学会并掌握"边画图、边计算、边修改"的设计方法。绘图时，必须用绘图仪器，按一定比例尺和指定的设计步骤绘制，不得用目测、徒手等不正确的方法绘制。

5.1　绘制装配图前的准备工作

在绘制装配图之前，应参观或装拆实际减速器，观看有关减速器的录像，认真读懂两张典型减速器装配图，以便深入了解减速器各零件、部件的功用、结构关系，做到对设计内容心中有数。

除此之外，还要根据已进行的设计计算，汇总和检查绘制减速器装配图时所必需的技术资料和数据：

（1）传动装置的运动简图。

（2）各传动零件的尺寸数据，如齿轮传动的中心距、分度圆、齿根圆和齿顶圆的直径。

（3）电动机的安装尺寸，如中心高度、轴伸直径和长度、键槽尺寸等。

（4）联轴器轴孔直径和长度，带轮或链轮的轴孔直径和长度等。

（5）按工作条件初选滚动轴承的类型及轴的支承形式（两端固定、一端固定一端游动等）。在选择轴承类型时，首先应考虑是否能采用结构最简单而价格最便宜的深沟球轴承。深沟球轴承可承受不大的轴向载荷。当支座上作用有径向力 F_r 和较大的轴向力 F_a（$F_a > 0.25F_r$）时，或需要调整传动零件（如圆锥齿轮、蜗轮等）的轴向位置时，应选择角接触球轴承。目前最常用的是圆锥滚子轴承，因为圆锥滚子轴承的外圈是可拆的，便于装拆和调整。

（6）确定滚动轴承的润滑和密封方式。滚动轴承的润滑方式既可以采用润滑脂润滑，也可采用润滑油润滑。通常根据速度因数 dn 值来确定。根据轴承的润滑方式和工作环境条件（清洁或多尘）选定轴承端盖的密封形式。

（7）确定减速器箱体的结构方案（剖分式、整体式等）。

（8）按照表 3-1 确定箱体及有关零件的尺寸。其各部尺寸按表 3-1 所列公式确定。各部分尺寸确定后，填写到该表的最后一列，以供绘图时使用。

5.2　第一阶段的设计内容

第一阶段的设计是整个设计工作中重要的阶段。设计内容是根据前面几章确定的电动机的型号、联轴器的型号及齿轮传动的主要尺寸，绘制在图上检查各零件间是否协调或是否有足够的间距。在绘图的过程中设计出轴的结构尺寸、选出轴承的型号并确定其位置，确定轴的跨距和受力点的位置，从而校核轴的强度和键的强度，并验算滚动轴承的寿命。

5.3　有关零部件结构和尺寸的确定

齿轮、轴和轴承是减速器的主要零件，其他零件的结构和尺寸是根据主要零件的位置、结构、润滑、密封等要求而定的。所以设计时应先画主要零件，后画其他零件，先画齿轮的中心线和轮廓线，后画结构细节。

对于单级圆柱齿轮减速器，这一阶段零部件结构和尺寸的确定方法如下。

1.　选择比例尺

为了加强真实感，培养图上判断尺寸的能力，一般应选用 1:1 的比例尺，用 A0 号幅面的图纸绘制（经教师同意也可缩小比例或用其他幅面的图纸绘制）。

绘制开始，可根据减速器内传动零件的特性尺寸（如中心距 a）参考类似结构，估计减速器的轮廓尺寸，并考虑标题栏、零件明细表、零件序号、尺寸的标注及技术条件等所需图画空间，做好图画的合理布局。减速器装配图一般多用三个视图（必要时另加剖视图或局部视图）来表达。布置好图后先将中心线（基准线）画出。

2.　画出齿轮的轮廓

在主视图、俯视图上分别画出齿轮的分度圆、齿顶圆和齿宽等。为了保证全齿宽啮合并降低安装要求，通常取小齿轮比大齿轮宽 5～10mm。画图时，应将大小齿轮宽度 b_1、b_2 分别画出。其他细部结构可暂时不画。

3.　确定箱体内壁和外廓

为了避免箱体铸造误差造成间隙过小甚至齿轮与箱体相碰，应使大齿轮齿顶圆与箱体内壁留有距离。

如图 5-1 所示，在俯视图上，先按小齿轮端面与箱体内壁间的距离 $\Delta_2 \geqslant \delta$ 的关系，画出沿箱体长度方向的两条内壁线，再按 $\Delta_1 \geqslant 1.2\delta$ 的关系画出沿箱体宽度方向的大齿轮一侧的内壁线，而沿箱体宽度方向的小齿轮一侧的内壁线此阶段俯视图上暂不画出，将来由主视图中小齿轮轴端轴承旁凸台位置以投影关系来确定（详见 6.2.2 小节）。

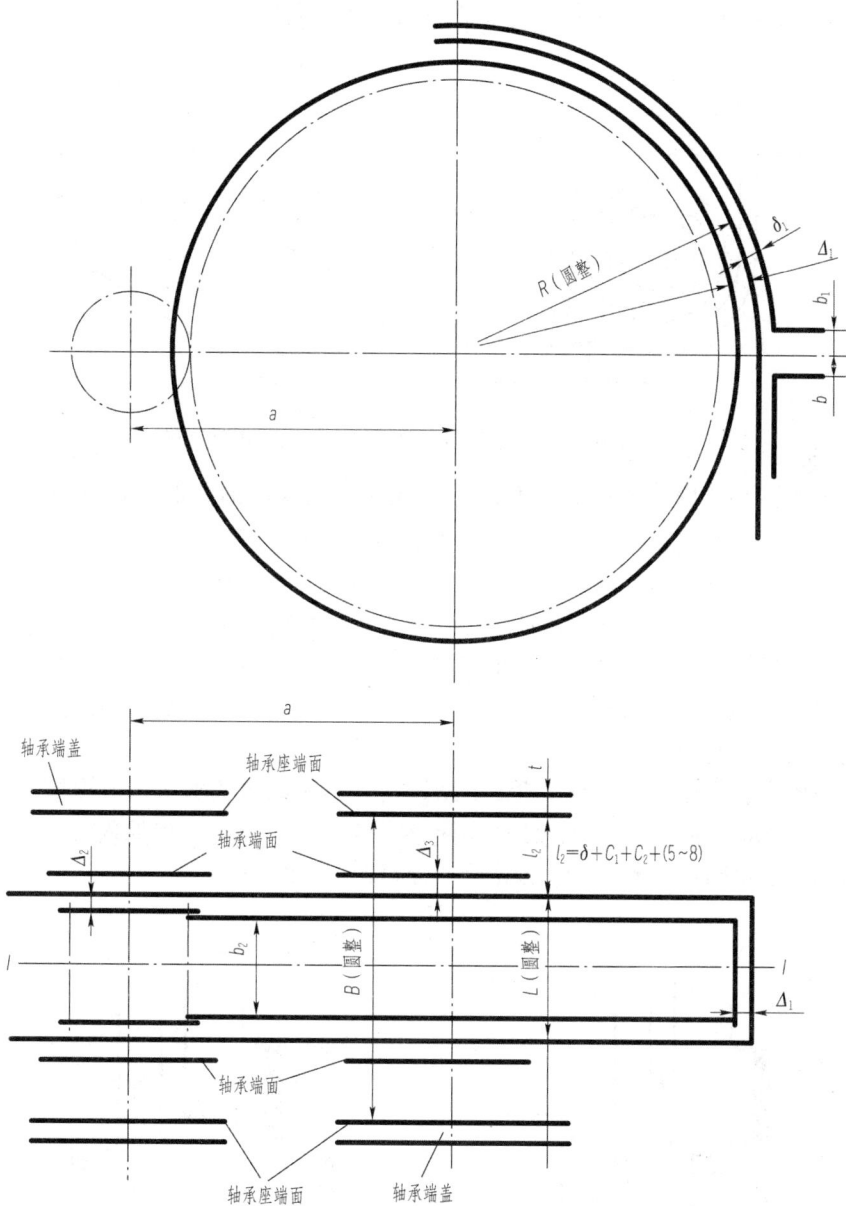

图 5-1 单级圆柱齿轮减速器初绘装配图第一阶段

小齿轮端面与箱体内壁间的距离 Δ_2 之所以要大于箱座壁厚 δ，是因为铸造箱体时砂芯可能歪斜，这样将影响预留间隙，甚至造成大齿轮轮缘与箱体相碰，但砂芯最大歪斜量不会超过箱体壁厚 δ，否则箱体将成废品。

图 5-1 中 L 为箱体内壁的宽度，B 为两侧轴承座端面的距离，考虑加工及测量箱体的方便，其值应尽量圆整。图 5-1 中的距离 l_2 为箱体内壁至轴承座端面的距离，实际上也是轴承座孔的长度，与扳手空间 C_1、C_2 及箱体壁厚 δ 有关。由于轴承座孔外端面要进行切削加工，因此应由箱体外壁的非加工面再向外凸出 5～8mm，即 $l_2=\delta+C_1+C_2+(5\sim8)$，可参考图 5-2 中轴承座孔的外端面及轴承旁凸台位置。图 5-1 中 t 为凸缘式端盖的厚度。

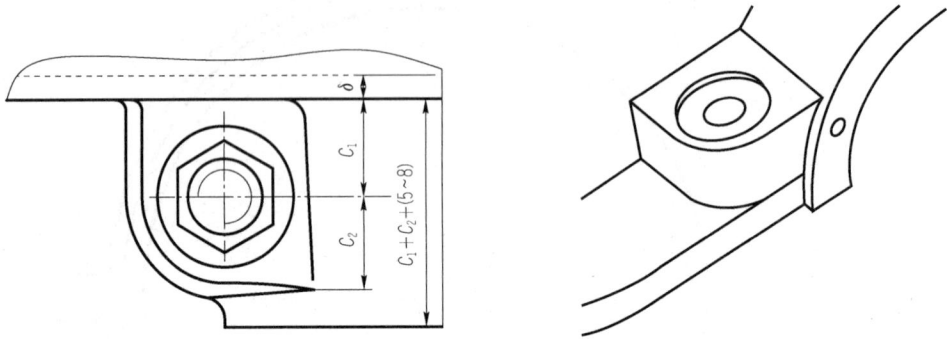

图 5-2 轴承座与凸台及箱体内外壁的相对位置

轴承内侧至箱体内壁的距离记为 Δ_3。如果轴承用润滑油润滑，则 Δ_3 取为 3～5mm，如图 5-3（a）所示。在高速齿轮轴上，若轴承旁小齿轮的齿顶圆小于轴承的外径，则为避免齿侧喷出的热油直接进入轴承增加轴承阻力，常设置挡油盘。挡油盘可用薄钢板冲压或圆钢车制。当齿根圆直径大于轴承座孔径时，可不必安装挡油盘。

如果轴承采用脂润滑，则需在轴承内侧安装封油盘，Δ_3 取为 10～15mm，封油盘的安装位置及外缘的结构尺寸如图 5-3（b）所示。套筒、挡油盘、封油盘的轴向结构尺寸应根据轴向固定的要求自行设计。

在主视图上，根据箱座壁厚 δ 和箱盖壁厚 δ_1，以及润滑要求（大齿轮齿顶圆距箱座内底面距离应大于 30～50mm），可画出箱体内壁线、外壁线。继而，根据箱座上部凸缘厚度 b 和箱盖凸缘厚度 b_1 可确定右侧（即大齿轮侧）分箱面凸缘结构。

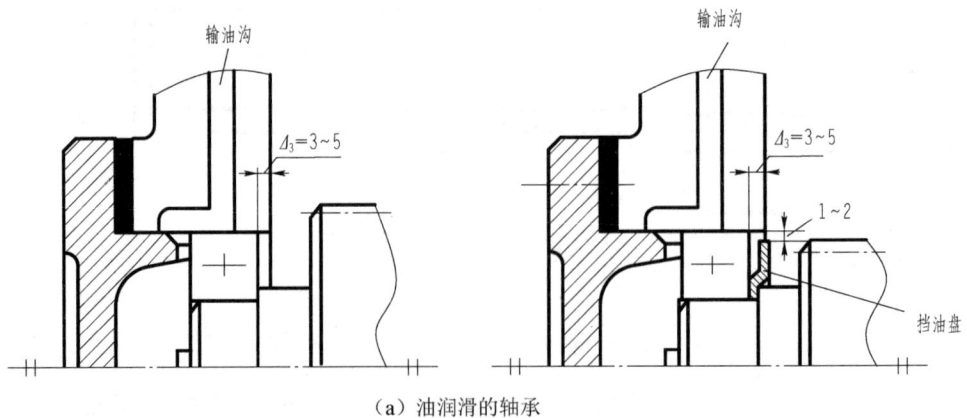

（a）油润滑的轴承

图 5-3 轴承的润滑方式及相关距离尺寸

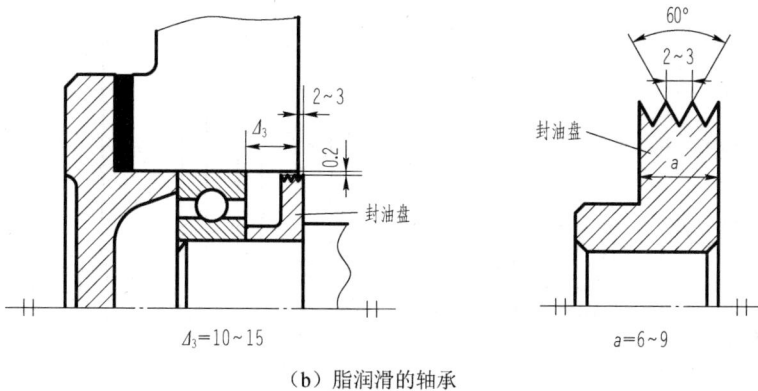

（b）脂润滑的轴承

图 5-3　轴承的润滑方式及相关距离尺寸（续）

4. 初定轴的直径

1）初步确定高速轴外伸直径

如果高速轴外伸段上安装带轮，其轴径可安按式（5-1）求得：

$$d \geqslant C \sqrt[3]{\frac{P}{n}}\ \text{mm} \qquad (5\text{-}1)$$

式中，C——与轴的材料和承载情况有关的系数，可查阅教材；

$\qquad P$——轴传递的功率，kW；

$\qquad n$——轴的转速，r/min。

如果减速器高速轴通过联轴器与电动机相连接，则外伸段轴径与电动机轴径不得相差很大，否则难以选择合适的联轴器。换句话说，联轴器外伸段轴径和电动机轴径均应在所选联轴器毂孔最大直径、最小直径的允许范围内，否则应重选联轴器或改变轴径。在这种情况下，荐用减速器高速轴外伸段轴径 $d=(0.8\sim1.0)d_{\text{电动机}}$。按公式或类比法求得的结果应按 GB/T 2822—2005 圆整到 R40 系列中的标准值。

2）初步确定低速轴外伸段直径

减速器低速轴外伸段直径的大小也可以根据式（5-1）确定并按标准值圆整。此时，如果在此外伸段上安装链轮，则这样确定的直径即为链轮轴孔的直径；如果在该外伸段上安装联轴器，则需按此轴的计算转矩 T_{ca} 及初定的轴径选择合适的联轴器。轴外伸段可设计成圆柱形或圆锥形。一般在单件或小批量生产中优先采用圆柱形；在成批和大量生产中可采用圆锥形，因为圆锥面配合装拆方便，且定位精度高。

5. 轴的结构设计

轴的结构设计是在上述初步确定轴的外伸段直径的基础上进行的。

轴的结构主要取决于轴上所装的零件、轴承的布置、润滑和密封。轴的结构要满足轴上零件定位准确、固定可靠、装拆方便等要求。通常把轴设计成阶梯轴，如图 5-4 所示。在设计阶梯轴时，应力求台阶数量最少，从而保证结构的良好工艺性。

（a）

（b）

（c）

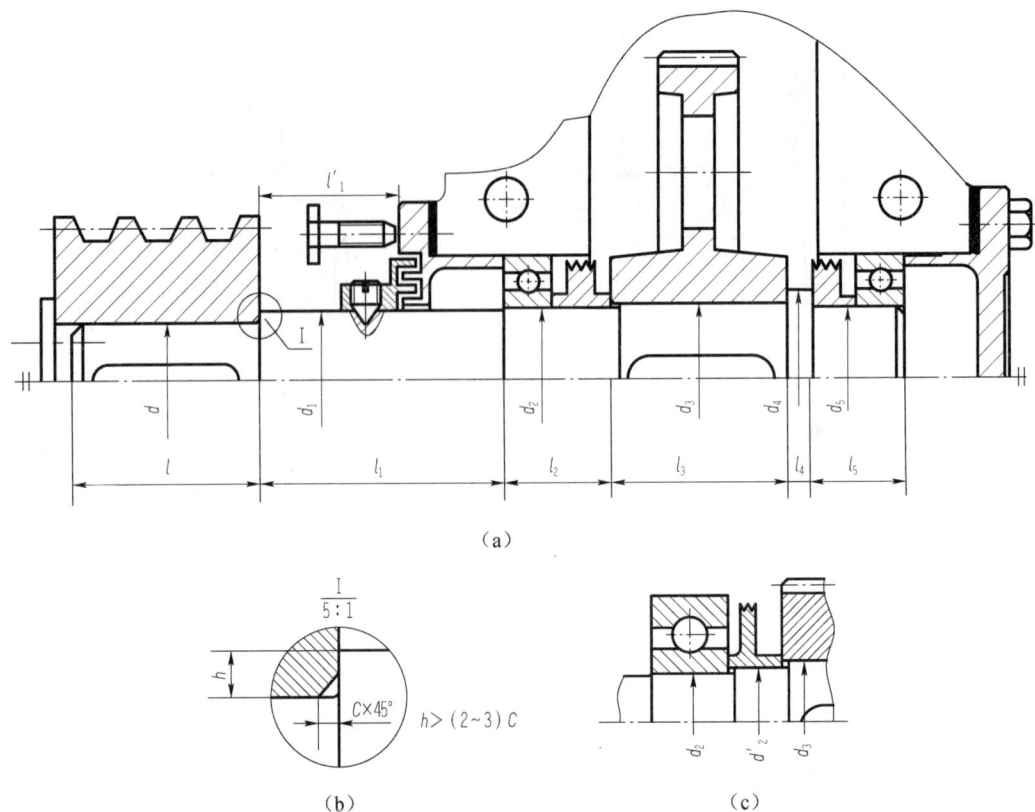

图 5-4　轴的结构设计

　　阶梯轴结构尺寸的确定包括径向尺寸和轴向尺寸两部分。径向尺寸的变化和确定主要取决于轴上零件的安装、固定、受力状况及轴表面加工精度等要求。轴向尺寸（各轴段长度）要根据轴上零件的位置、配合长度、轴承组合结构及箱体的有关尺寸来确定。

　　1）轴的各段直径（径向尺寸）的确定

　　当两相邻的轴段形成轴肩来固定轴上零件或承受轴向力时，其直径变化值要大些，如图 5-4 中 d 和 d_1、d_3 和 d_4、d_4 和 d_5 的变化。齿轮、联轴器、带轮、链轮等的定位轴肩高度 h 应大于轮毂孔倒角 C 的 2～3 倍，如图 5-4（b）所示，并且图 5-4 中的 d_3 和 d 应符合轮毂件内孔的标准直径。

　　当两相邻轴段直径的变化仅是为了轴上零件装拆方便或区别不同的加工表面时，其直径变化应较小，甚至采用同一公称直径而取不同的偏差值，如图 5-4 中 d_1 和 d_2、d_2 和 d_3 的变化，在这种情况下，相邻轴径差取 1～3mm 即可。由于滚动轴承的内径是标准值，因此轴径 d_2 也应取相应的标准值，一般是以 0、5 结尾的数值，但也有 28mm、32mm 等尺寸。对于图 5-4 所示的双支点各单向固定的轴系，两个支点的轴承通常是成对使用的（即采用相同的型号），故轴径 $d_2=d_5$。若 d_2 段较长，可在 d_2 和 d_3 之间增加轴段 d_2'，如图 5-4（c）所示。

　　当用轴肩（或套筒）固定滚动轴承时，过渡圆角半径 r_a 应小于轴承孔的圆角半径 r，如图 5-5（a）所示，r 值可查滚动轴承手册。为便于拆卸轴承，定位轴肩直径 D 应小于轴承内圈的外径，如图 5-5（a）、（b）为正确结构，而（c）、（d）的结构不正确。在轴承的型号最终选定后，其安装尺寸可由滚动轴承手册查得，也可参考本书附录 E 中的表格。

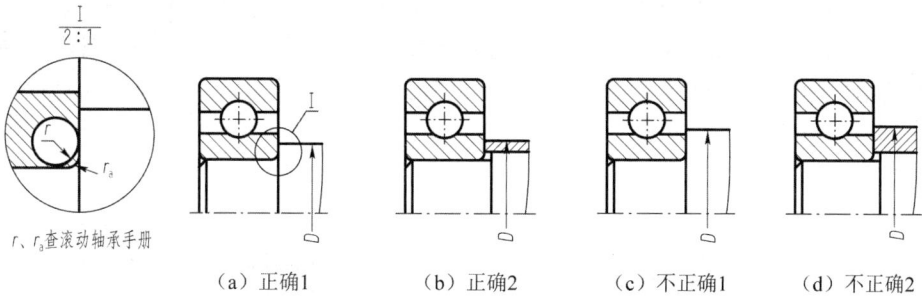

　　（a）正确1　　　　（b）正确2　　　　（c）不正确1　　　　（d）不正确2

图 5-5　轴承的轴向定位尺寸

　　当轴上装有毡圈密封、橡胶密封、唇形密封圈等标准件时，轴径应符合密封件的标准直径要求，一般轴径是以 0、2、5、8 结尾的数值。

　　需要磨削加工的轴段常设置砂轮越程槽，车制螺纹的轴段应有退刀槽。图 5-6 为砂轮越程槽。具体尺寸可查机械设计手册。另外，直径相近的轴段，在满足装配要求的前提下，其过渡圆角、越程槽、退刀槽等尽量采用相同的尺寸，以便于加工。

　　2）轴的各段长度（轴向尺寸）的确定

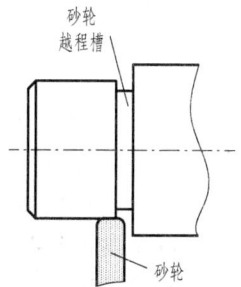

　　确定阶梯轴各轴段的长度时，要考虑轴上零件的宽度、零件与箱体的距离、轴承座孔的长度等条件。以图 5-4 所示的轴为例，通常由安装传动件如齿轮的轴段开始，分别确定各段长度 l_3、l_2、l_1、l 及 l_4、l_5。

　　安装齿轮段的长度 l_3 是由齿轮的轮毂宽度及其他结构要求来确定的。齿轮设计时的轮毂宽度一般都和轴的直径有关，确定了此段轴径，即可确定轮毂宽度。同时，l_3 的确定还需注意直径变化的位置。如图 5-7（a）所示，为使套筒对左端轴承及右端齿轮的定位可靠，轴的端面与零件端面应留有距离，一般可取 $\Delta l = 1 \sim 3 \text{mm}$。图 5-7（b）为不正确的结构，当轴套长度和轮毂宽度有加工误差时，此结构将不能保证零件的轴向固定和定位。

图 5-6　砂轮越程槽

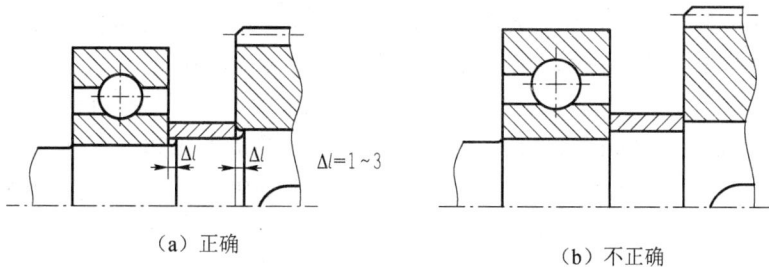

　　（a）正确　　　　　　　　　　（b）不正确

图 5-7　轴的端面与零件端面的距离

　　确定安装轴承的轴段 d_2、d_5 的长度 l_2、l_5 时，需考虑小齿轮端面与箱体内壁的距离、滚动轴承在轴承座孔中的位置及滚动轴承的宽度。小齿轮端面与箱体内壁的距离如图 5-1 及表 3-1 所示。滚动轴承在轴承座孔中的位置与轴承的润滑方式有关，如图 5-3 所示。

　　轴的外伸长度与外接零件及轴承端盖的结构有关。图 5-4 中采用的是螺钉连接的凸缘式端盖，外伸装透盖处的轴长 l_1，在确定其尺寸时需要同时考虑轴承端盖的尺寸及装拆轴承盖螺钉所需的距离。若外伸长度 l_1' 能保证拆装螺钉所需的空间，则能在不拆下外装零件的情况下打开减速器箱盖，如图 5-8（a）所示。当外伸轴段装有弹性套柱销联轴器时，应留有弹性套柱销的装配空间 A，如图 5-8（b）所示。当采用嵌入式端盖时，因为没有螺钉拆卸问题，l_1' 可取小些，一般取 10～15mm。

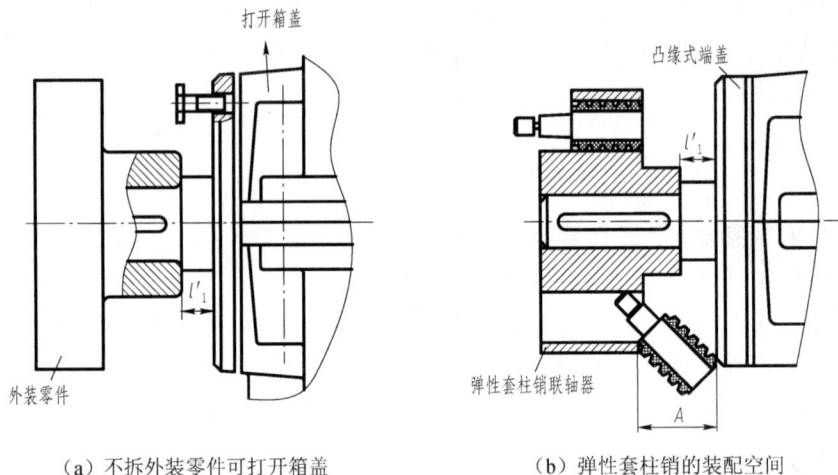

（a）不拆外装零件可打开箱盖　　（b）弹性套柱销的装配空间

图 5-8　轴上外装零件与端盖留有必要距离

安装带轮段的长度 l（轴的外伸段）　是由带轮的轮毂宽度确定的，为保证轴端挡圈能顶住带轮端面实现轴向固定，该轴的长度应比相配轮毂的宽度短 Δl。同理，在轴外伸段安装链轮、联轴器等零件时，也有此要求。

轴环 d_4 对应的宽度 l_4，一般为其高度的 1.4 倍，并圆整为标准值。

3）轴上键槽位置和尺寸的确定

使用键连接轴和轴上零件时，键的结构尺寸可根据轴径查阅相关标准（参考附表 B5）。当轴上装有普通平键时，如图 5-9（a）所示，键的长度应略小于零件（齿轮、带轮、联轴器、链轮等）与轴的接触宽度，一般平键长度比轮毂长度短 5～10mm 并圆整为标准值。键槽不要太靠近轴肩处，以避免由于键槽加重轴肩过渡圆角处的应力集中。

轴上的键槽应靠近轮毂装入一侧，以便于装配时轮毂键槽容易对准键，键距轴端的距离不宜过大，一般取 $\Delta=2$～5mm。当轴上有多处有键时，各键槽应布置在同一条母线上以便于加工。若轴径相差不大，也可取为相同的剖面尺寸。图 5-9（b）所示的结构因装入端 Δ 过大，两处键槽不在同一母线上，所以不合理。

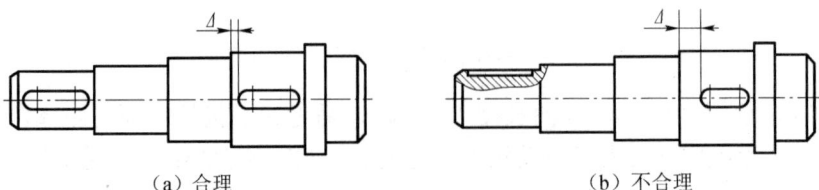

（a）合理　　　　　　　　（b）不合理

图 5-9　键槽在轴上的位置

4）滚动轴承型号和位置的确定

根据上述轴的径向尺寸，即可初步选出滚动轴承型号及具体尺寸。对于双支点各单向固定的轴，两端的轴承一般取为一样的型号，使轴承座孔尺寸相同，可以一次镗孔且保证两孔有较高的同轴度。根据轴承的润滑方案定出轴承在箱体座孔内的位置，轴承采用脂润滑时轴承内侧至箱体内壁的距离取 $10 \sim 15$mm，油润滑时取为 $3 \sim 5$mm（见图 5-3），画出轴承外廓。在装配图设计的开始阶段，可采用特征画法。完成装配图后需详细地表示滚动轴承的主要结构时，可采用规定画法。深沟球轴承、角接触球轴承、圆锥滚子轴承的特征画法如图 5-10（a）～（c）所示，而（e）～（f）为各自的规定画法（图中各尺度参数可在附录 E 中查取）。

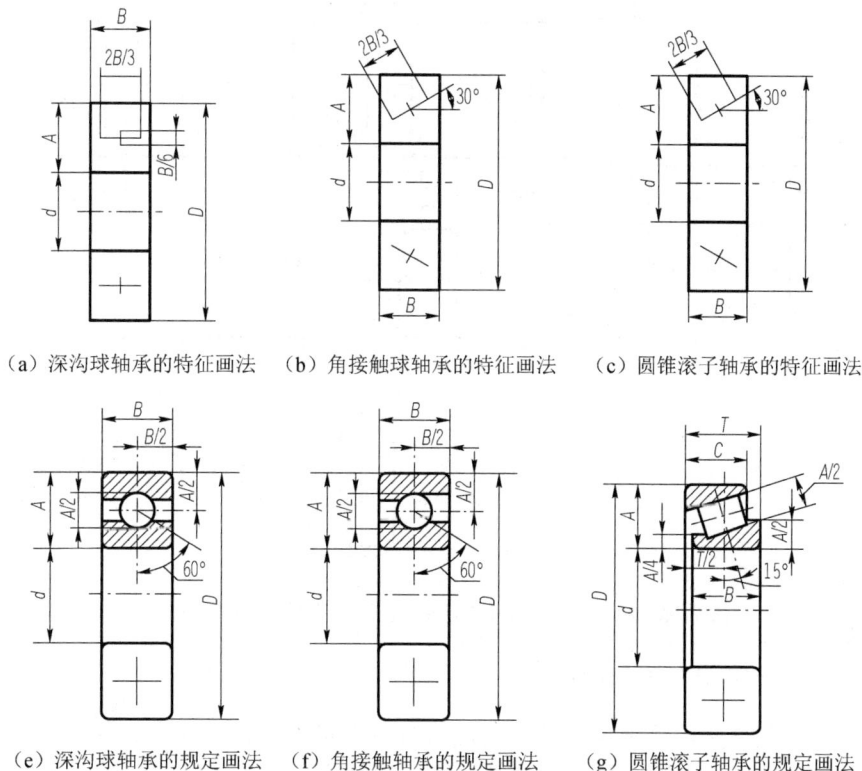

（a）深沟球轴承的特征画法　（b）角接触球轴承的特征画法　（c）圆锥滚子轴承的特征画法

（e）深沟球轴承的规定画法　（f）角接触轴承的规定画法　（g）圆锥滚子轴承的规定画法

图 5-10　滚动轴承的表示法（摘自 GB/T 4459.7—1998）

5）确定轴承座孔的长度及箱缘宽度

如图 5-2 所示，箱体内壁至轴承座端面的距离实际上也是轴承座孔的长度。轴承座孔的长度取决于轴承旁连接螺栓 $\mathrm{M}d_1$ 所要求的扳手空间尺寸 C_1 和 C_2，C_1+C_2 即为安装螺栓所需要的凸台宽度，为使轴承座孔外端面切削加工方便应再向外凸出 $5 \sim 8$mm。这样就得到了轴承座孔总长度为 $\delta+C_1+C_2+(5 \sim 8)$mm。

根据箱盖与箱座连接螺栓 $\mathrm{M}d_2$ 要求的扳手空间尺寸及箱体壁厚，可以确定箱缘的宽度，如图 3-1 所示。

按上述方法，可设计出轴的结构，并在图 5-1 的基础上，绘出这一阶段的减速器装配草图，如图 5-11 所示。

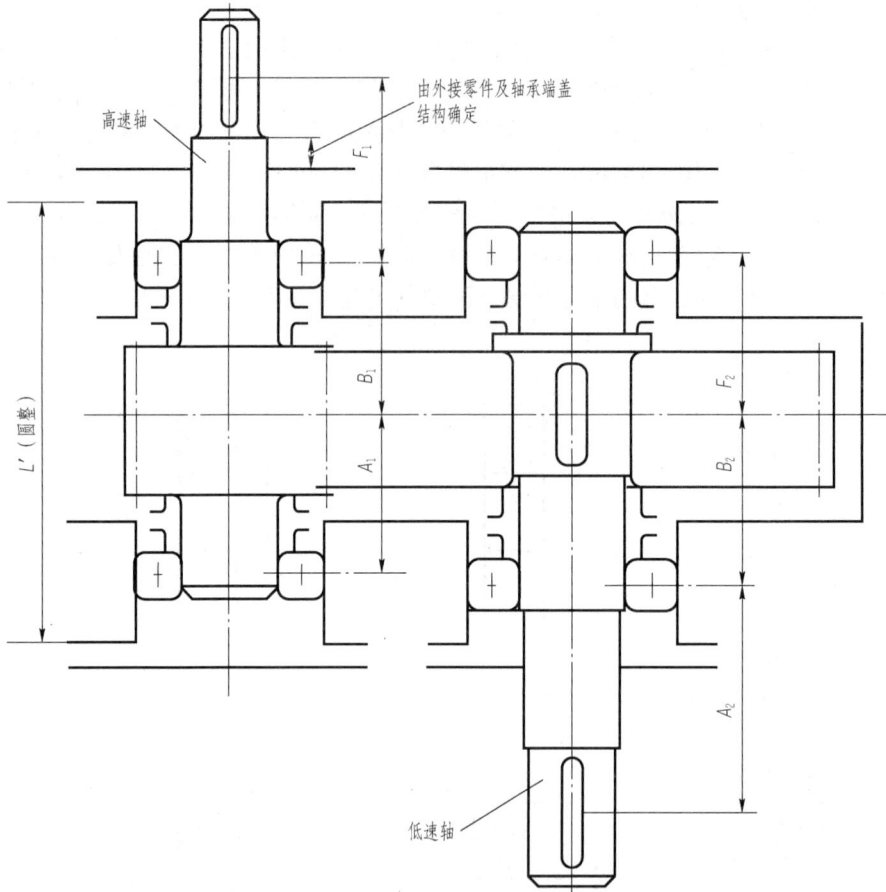

图 5-11　单级圆柱齿轮减速器第一阶段装配草图

6. 轴承支点和力作用点的确定

由初绘的装配草图，可确定出轴承支点间的距离和轴上传动零件受力点的位置。滚动轴承支反力作用点可近似认为在轴承宽度的中点。严格来说，角接触球轴承和圆锥滚子轴承的支点取为法向反力在轴承上的作用点，与轴承端面间的距离可查轴承标准（参考附表 E2 及附表 E3）。

传动零件的受力点一般取为齿轮、带轮、链轮等宽度的中点。确定传动零件的力作用点及支点距离（如图 5-11 中 A_1、B_1、F_1 及 A_2、B_2 和 F_2 所示）后，便可进行轴和轴承的校核计算。

5.4　轴、轴承及键连接的校核计算

1. 轴强度的校核计算

根据初绘草图阶段确定的轴的结构和支点，以及轴上零件的作用点，参照教材便可进行轴的受力分析、绘制弯矩图及当量弯矩图，之后对判定的危险剖面进行强度校核。

校核后如果发现强度不够，应加大轴径；如果强度足够且当量弯曲应力与许用弯曲应力相差不大，则以轴结构设计确定的轴径为准，一般不再修改；如强度富裕过多，可待轴承寿命及键连接强度校核后，再综合考虑轴径和轴的结构是否需要修改。

2. 滚动轴承寿命的校核计算

轴承的寿命最好与减速器寿命相当，或与减速器的检修期（2～3 年）大致相符。通用齿轮减速器的工作寿命不低于 36 000h，轴承寿命计算优先按照该值进行。若达不到，轴承的工作寿命可以是减速器工作寿命的 1/2 或 1/3，即 12 000～18 000h。齿轮减速器中轴承的最低寿命为 10 000h。

如果算得的寿命低于预期值，应提高轴承的承载能力，即选择基本额定动载荷更大的轴承。同一类型同一内径的轴承，随外径和宽度/高度尺寸的不同，其承载能力也不同，可根据承载要求在轴承样本或轴承手册中重新选择尺寸系列或宽度系列。若仍不合适或结构不允许，则需重新选择轴承类型（如用滚子轴承取代球轴承），或改变轴径尺寸。

3. 键连接强度的校核计算

键连接由轮毂（齿轮、带轮）、轴和键组合而成。键已标准化，设计时根据具体情况选择键的类型，再根据轴径选择键的尺寸。普通平键的形式和尺寸可在附表 B5 中查取。减速器中大多使用普通平键连接，键的两侧是工作面，键连接强度的校核计算主要是验算工作面上的挤压应力，使计算应力小于材料的许用应力。许用挤压应力按键、轴、轮毂三者材料最弱的选取，一般是轮毂材料最弱。

如果计算应力超过许用应力，可通过加大键长规格、改用双键、采用花键等途径来满足强度要求。

校验计算结束并根据实际情况修改初绘草图，之后便可进入装配图设计的第二个阶段。

第 6 章

装配图设计第二阶段

这一阶段的主要工作内容是设计轴系部件（包括箱内传动零件、轴上其他零件和与轴承组合有关的零件）、箱体结构及减速器的附件，即完成减速器装配草图的设计。

6.1 轴系部件的设计

6.1.1 箱内齿轮的结构设计与润滑

齿轮的设计如 4.2 节所述。当小齿轮做成齿轮轴时，俯视图中的大齿轮常采用全剖，而小齿轮通常根据轴的规定画法采用局部剖，以表明两齿轮的啮合情况。若为斜齿轮，则应在未剖的外形图上用三条细实线画出轮齿的倾斜方向。

一般闭式齿轮的润滑可根据齿轮圆周速度 v 的大小确定。当 $v \leqslant 12\text{m/s}$ 时，可采用油池润滑。大齿轮浸入油池一定的深度，依靠齿轮运转将润滑油带至啮合区，同时也甩到箱体内壁上，借以散热。对于单级圆柱齿轮减速器，箱体内的装油量以浸过大齿轮至少一个齿高为宜，当速度较低时，如 $v < 0.8\text{m/s}$ 时，可浸过大齿轮半径的 1/6。当 $v > 12\text{m/s}$ 时，可采用喷油润滑，用油泵将润滑油直接喷到啮合区。

6.1.2 滚动轴承的设计及润滑和密封

1. 支点部位的轴承设计

在中小型减速器中，一般皆采用滚动轴承作支承。在机械设计中，轴的支承有三种基本形式：两支点各单向固定、一支点固定另一支点游动及两端游动支承。对于中小型的圆柱齿轮减速器，轴承支点跨距一般小于 300mm，两支点各单向固定的支承方式应用最多。

对于深沟球轴承及正装的角接触球轴承或圆锥滚子轴承，内圈在轴上可用轴肩或套筒作轴向定位，轴承外圈用轴承端盖作轴向固定。为补偿工作时轴的伸长量，轴承盖与轴承间应留有 0.25～0.4mm 的间隙。使用凸缘式端盖时，也可以通过在端盖与箱体间放置调整垫片的方式来控制轴向间隙。垫片由若干薄片组成，材料可采用冲压铜片或 08 钢抛光。

若角接触球轴承或圆锥滚子轴承采用了反装的方式，定位要复杂一些，具体定位方法可参考机械设计基础或机械设计教材。

2. 轴承端盖的结构形式

轴承端盖的作用是密封轴承座孔、固定轴承、承受轴向载荷、调整轴承间隙等。其类型有凸缘式和嵌入式两种，每一种又根据轴是否穿过端盖分为透盖和闷盖两种。图 6-1 给出了两种闷盖的三维结构图。图 6-1（a）所示的凸缘式轴承端盖在末端开设四个导油槽（缺口），适用于轴承油润滑的场合，可以将输油沟内收集的油导入轴承进行润滑。

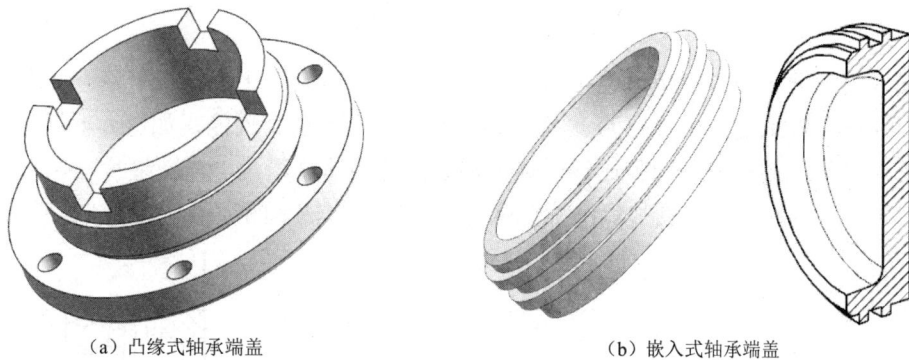

　　（a）凸缘式轴承端盖　　　　　　　　　　　　　（b）嵌入式轴承端盖

图 6-1　轴承端盖的两种结构

凸缘式轴承端盖用螺钉固定在箱体上，调整轴承间隙时不需要打开减速器箱盖，操作比较方便，密封性也较好，多用铸造方法制造。凸缘式轴承端盖铸造成形要很好地考虑铸造工艺，尤其设计透盖时，由于密封的需要，常常需要较大的端盖厚度，这时要尽量使整个端盖厚度均匀。例如，图 6-2 中，（b）所示结构的工艺性比（a）要更好一些。

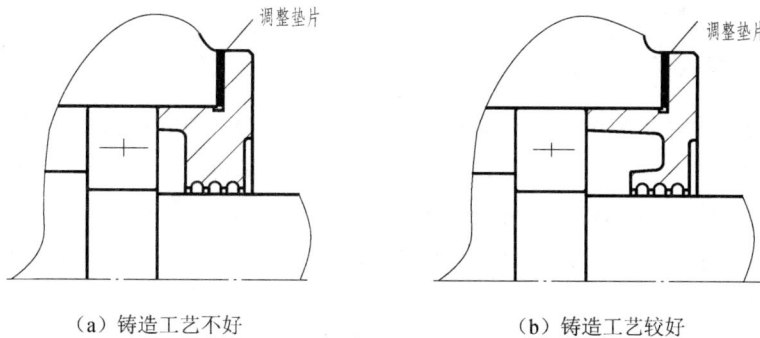

　　（a）铸造工艺不好　　　　　　　　　　　　　（b）铸造工艺较好

图 6-2　凸缘式透盖的铸造工艺性

当端盖的宽度 L 较大时，为减小加工量，可将端部直径 D' 做小，即 $D'<D$，如图 6-3 所示。但必须保留有合理的轴孔配合长度 l，否则拧紧固定端盖的螺钉时容易使端盖倾斜，以致轴承受力不均，一般取 $l \approx 0.15D$。图 6-3 中端面凹进 δ 值，是为了减少加工面。当端盖的直径较小时，端面可不必减少加工面。为使轴承端盖安装时能靠紧接触面，端盖内侧的外圆面通常设有清根槽。

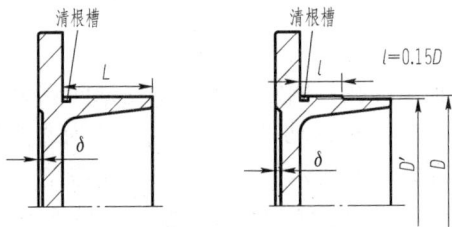

图 6-3 凸缘式轴承端盖的结构

嵌入式轴承端盖不用螺钉连接，结构简单，装入轴承座孔后外形平整、美观，但密封性能差。通过在轴承端盖中设置 O 形橡胶密封圈以提高其密封性能，如图 6-4 所示。采用嵌入式轴承端盖时，调整轴承间隙比较麻烦，需要打开减速器箱盖，增减垫片。如果固定的是角接触球轴承，则在端盖上增加调整螺钉就可方便地调整轴承间隙了，如图 6-5 所示。

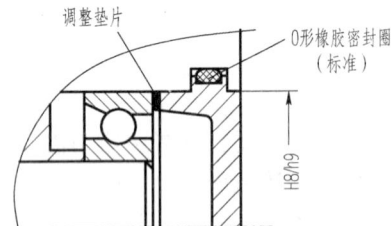

图 6-4 嵌入式轴承端盖的密封

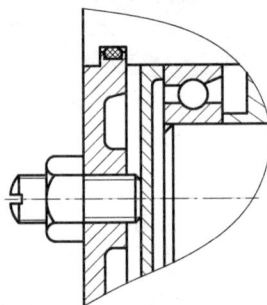

图 6-5 用调整螺钉调整轴承间隙

3. 滚动轴承的润滑

滚动轴承的润滑有脂润滑和润滑油飞溅润滑两种。其润滑方式的选择可按速度因数 dn 来确定，其中 d 代表轴承内径，单位为 mm；n 代表轴承套圈的转速，单位为 r/min。dn 间接反映了轴径的圆周速度，当 $dn<2\times10^5$ mm·r/min 时，滚动轴承可采用脂润滑。

脂润滑时，为了防止齿轮尤其是斜齿轮啮合时甩出的热油冲刷、稀释轴承中的润滑脂，使其流失，需在轴承内侧设置封油盘，如图 5-3 所示。润滑脂直接填入轴承室，充填量为轴承空间的 1/3～1/2，一次填充可运转较长时间。润滑脂每隔半年左右补充更换一次，可在箱体外部轴承座上适当的位置应安装旋盖式油杯或压注式油杯。润滑脂用量过多会使轴承阻力增大，温升过大，进而影响润滑效果。

当 dn 较大时，如 $dn>2\times10^5$ mm·r/min，可以利用齿轮溅起的油进入轴承室进行润滑。当油的黏度较大不易形成油雾时，通常在机座的凸缘面上开设输油沟（见图 6-6），将飞溅到箱盖内壁的油汇集至输油沟内，再经轴承端盖的导油槽［可同时参考图 6-1（a）］流入轴承实现润滑。为了便于箱盖上的油流入输油沟，箱盖内壁的分箱面边缘处要加工出适当的斜面。

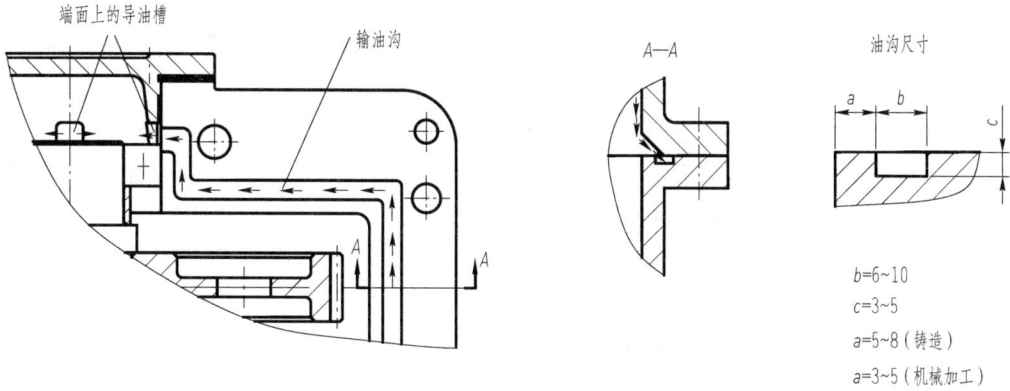

端面上的导油槽　　输油沟

A—A　　　油沟尺寸

$b=6\sim10$
$c=3\sim5$
$a=5\sim8$（铸造）
$a=3\sim5$（机械加工）

图 6-6　轴承采用油润滑时的输油沟

油沟的构造有机械加工油沟和铸造油沟（与箱体同时铸造）两种。机械加工油沟容易制造、工艺性好，故常用。铸造油沟则很少采用。小型单级减速器往往采用的也是机械加工油沟。采用不同加工方法的油沟形式如图 6-7 所示。

铸造的油沟　　圆柱铣刀加工的油沟　　盘状铣刀加工的油沟

图 6-7　油沟的结构形式

对于齿轮减速器来说，也可以根据浸油齿轮的圆周速度来选择轴承的润滑方式，如 $v<2m/s$ 时，推荐滚动轴承采用脂润滑；而 $v\geqslant2m/s$ 时，推荐采用油润滑，当齿轮圆周速度 $v>3m/s$ 时，分箱面可以不开输油沟，飞溅起来的润滑油形成油雾直接进入滚动轴承进行润滑。

4. 滚动轴承的密封

为防止外界的灰尘、水汽、杂质进入轴承并防止轴承内的润滑油泄漏，在输入轴和输出轴的外伸处，都必须在端盖内设置密封。密封形式很多，有接触式和不接触式两类。

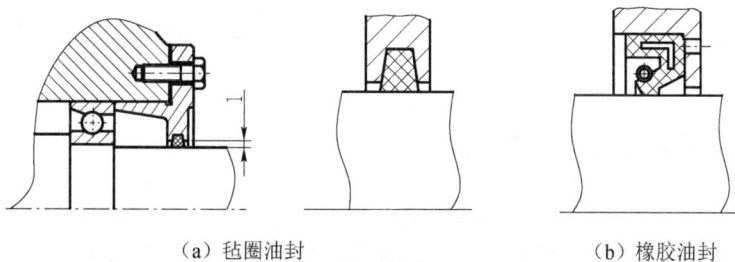

（a）毡圈油封　　　　　　　　（b）橡胶油封

图 6-8　滚动轴承的接触式密封

毡圈油封和橡胶油封是常用的接触式密封，如图 6-8 所示。毡圈密封时在轴承端盖上开出梯形槽，将矩形剖面的细毛毡放置在梯形槽内与轴接触，这种密封结构简单、价格低廉，但磨损快、密封效果差，多用于脂润滑且外界灰尘较少处，适用于轴的圆周速度 $v<3m/s$ 的场合。橡胶油封（或皮碗密封）用耐油橡胶等材料制成，常用的有内包骨架旋转轴唇形密封圈，其工作可靠、寿命较长，可用于润滑脂润滑方式或润滑油润滑方式，轴的圆周速度 $v<7m/s$ 处。油封唇向外以防止外界灰尘、杂质为主，油封唇朝向内侧以防止漏油为主。若既要防尘又要防漏油，则应采取两个油封唇相背放置，或双唇 BF 型。

　　若轴的转速高或其表面较粗糙，接触式密封的摩擦磨损和发热比较严重，会使密封件的寿命大大缩短，这时宜采用非接触式密封。非接触式密封常用的有间隙式和迷宫式等，如图 6-9 所示。间隙式密封用润滑脂填满间隙或沟槽进行密封，密封性能取决于间隙的大小，有密封处轴的圆周速度应小于 5m/s。这种密封结构简单，效果一般，适用于脂润滑及环境清洁的场合。迷宫式密封利用在旋转元件与固定元件所形成的迷宫形式的曲折狭小缝隙内填满润滑脂来实现密封，如图 6-9（b）所示，对脂润滑和油润滑均有效，但结构较复杂。

　　为了提高密封效果，有时也采用两个或两个以上的密封件或不同类型的组合式密封装置。

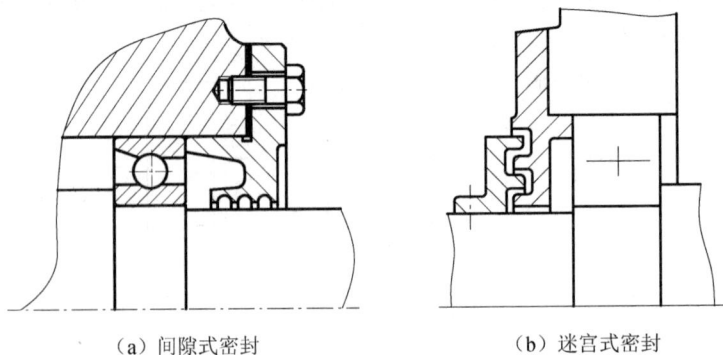

（a）间隙式密封　　　　（b）迷宫式密封

图 6-9　滚动轴承的非接触式密封

6.2　减速器箱体的结构设计

　　仍以铸造的剖分式减速器箱体为例，在装配图第一阶段设计的基础上，第二阶段要全面完成箱体的结构设计，箱体的设计要在三个视图上同步进行。

　　箱体的某些结构尺寸，如轴承旁螺栓凸台高度 h、箱缘连接螺栓的布置、箱座高度 H 等需要根据结构和润滑等要求而定。

6.2.1　箱体要保证足够的刚度

　　减速器箱体要有足够的刚度，若刚度不足，会在加工和工作过程中产生不允许的变形，引起轴承座孔中心线的歪斜，在传动中产生偏载，影响减速器正常工作，因此在设计箱体时，首先应保证轴承座的刚度。为此应使轴承座有足够的壁厚，并在轴承座附近设计支承肋板。

1. 箱体的壁厚

箱体要有合理的壁厚。在表 3-1 中给出了箱盖、箱座、底座凸缘等的厚度推荐值。其中轴承座、箱体底座等处承受的载荷较大，厚度值应大些。

箱座底面宽度 B 应超过内壁位置，以利于支撑，一般取 $B=C_1+C_2+2\delta$，如图 6-10 所示。

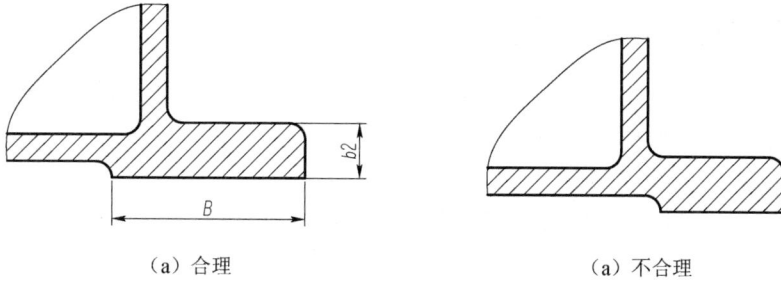

（a）合理　　　　　　　　　　　　　（a）不合理

图 6-10　箱体底座凸缘的结构

2. 轴承座旁凸台的设计

为提高剖分式箱体轴承座的刚度，应使轴承座孔两侧连接螺栓的距离 S 尽量小，为此应在轴承座旁边位置设置凸台，如图 3-1 及图 6-11（a）所示。同时还应保证轴承旁螺栓不与轴承盖连接螺钉发生干涉。一般取 $S\approx D_2$，D_2 为轴承端盖的外径，绘图时可使螺栓中心线与轴承盖相切，如图 6-11（a）中的 S_1 所示。凸台高度 h 应保证安装时有足够的扳手空间 C_1、C_2。这样定出的 h 值不一定是整数，需将该值向增大方向圆整。图 6-11（b）所示轴承座旁没有设置凸台，连接螺栓的距离 S_2 较大，刚度小，不宜采用。

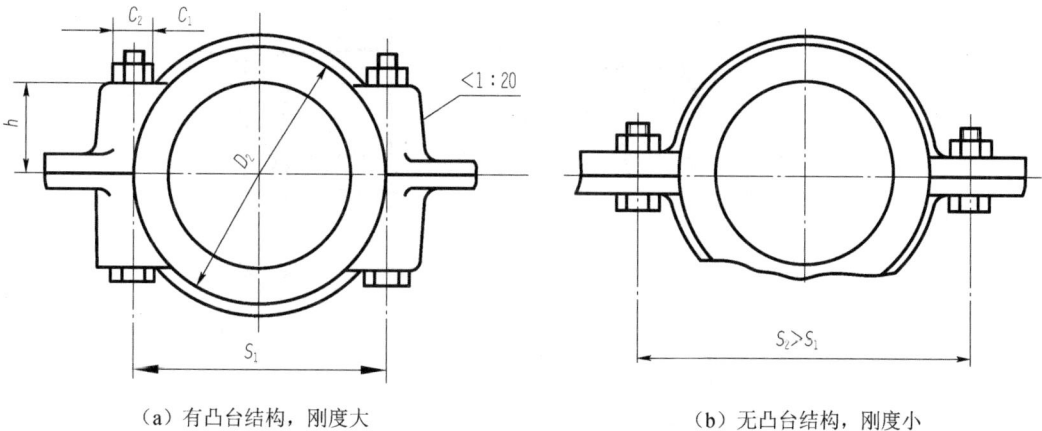

（a）有凸台结构，刚度大　　　　　　　　　　（b）无凸台结构，刚度小

图 6-11　轴承座旁结构与刚度的关系

箱体上各轴承端盖的外径通常是不等的，因而按上述方法定出的凸台高度也不相等。为了制造方便，凸台高度均按照较大的 D_2 值所确定的高度设计。相同的凸台高度也保证了连接螺栓的长度规格一致。

3. 设置加强肋板

为了提高轴承座附近的刚度，在箱体上可设置加强肋。箱体的加强肋有外肋和内肋两种结构形式。图3-1使用的是外肋。内肋工艺比较复杂，但其刚度大，外表光滑美观，目前采用内肋的结构逐渐增多。

6.2.2　箱盖的结构设计

对于铸造箱盖，如图3-1及图5-1所示，顶部外轮廓通常以圆弧和直线组成。靠近大齿轮一侧箱盖的外表面圆弧半径可取为

$$R=(d_{a2}/2)+\Delta_1+\delta_1 \tag{6-1}$$

式中，Δ_1——大齿轮顶圆与箱体内壁的距离，mm；

δ_1——箱盖壁厚，mm。

d_{a2}——大齿轮齿顶圆直径，mm。

按式（6-1）算得数据应圆整。

靠近小齿轮一侧的外表面圆弧半径往往不能用公式计算，需根据结构由作图法确定。一般使高速轴轴承座旁螺栓凸台位于箱盖圆弧内侧，如图6-12所示，轴承座旁螺栓凸台的位置和高度确定后，取$R>R'$画出箱盖圆弧。若取$R<R'$，则螺栓凸台将位于箱盖宽度外侧，如图6-13所示。注意，图6-12中a、b、c、d、e及f标示了箱盖结构的一些特征位置，以便同步完成三视图。

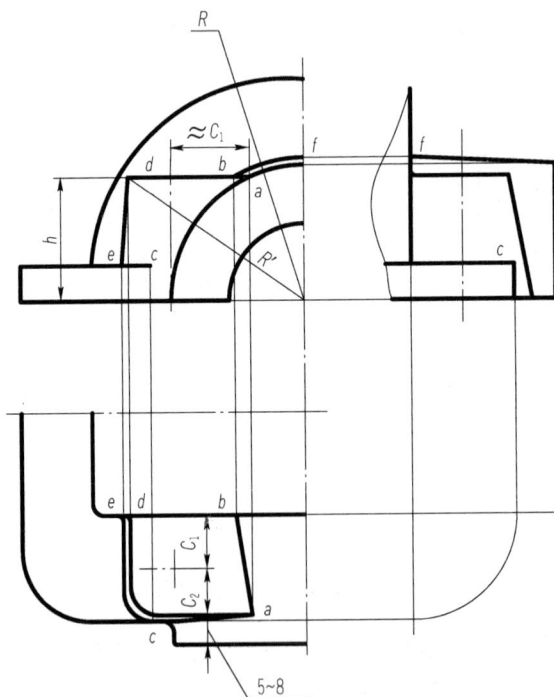

图6-12　轴承座旁凸台投影关系图

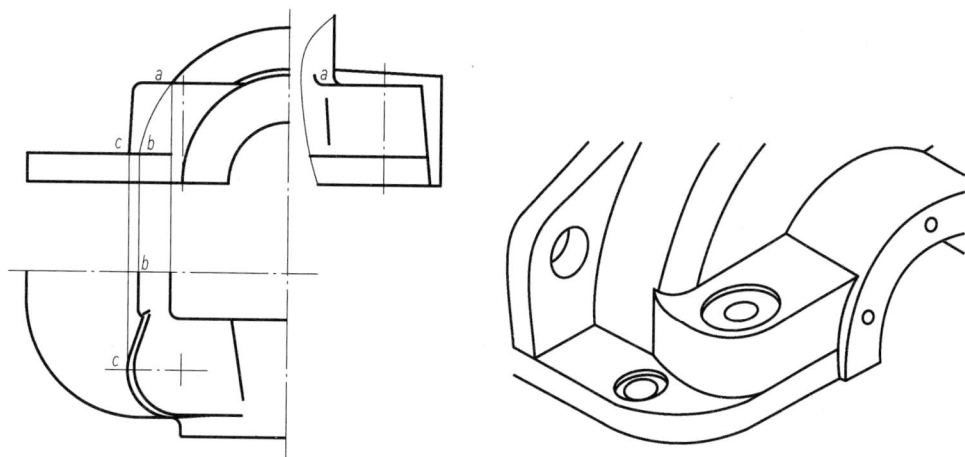

图 6-13 轴承座旁螺栓凸台在箱盖外侧

在主视图上确定了箱盖结构尺寸后，将有关部分再投影到俯视图上，便可画出小齿轮侧箱体内壁、外壁和箱缘等结构。

6.2.3 箱缘的结构及零件的布置

为保证箱盖与箱座的连接刚度，箱盖与箱座连接处的凸缘应有足够的厚度 b_1 和 b，如图 3-1 所示。凸缘还应有足够的宽度，同时考虑在装拆连接螺栓时应有足够的扳手空间，并要经过精锪或刮研，一般取其宽度为 $C_1+C_2+\delta$（各参数取值参考表 3-1 及表 3-2）。

为保证上、下箱连接的紧密性，箱缘连接螺栓的间距不宜过大。对于小型减速器来说，螺栓间距一般取 100～150mm，大型减速器一般取 150～200mm。在布置上尽量做到均匀对称，并注意不要与吊耳、吊钩和定位销等相干涉。

箱体底部的凸缘结构可参考第 3 章中的相关内容。需要注意的是，地脚螺栓孔间距不应过大，一般为 150～200mm，以保证其连接刚度，螺栓数目一般为 4 个或 6 个。

连接螺栓的头部及螺母与箱缘相接触的表面需进行机械加工，一般多采用沉孔的结构形式（沉头座），如图 6-14 所示。通孔及沉孔的加工尺寸可参考附表 B9。沉孔的深度不限，绘图时可画成 2～3mm 深。

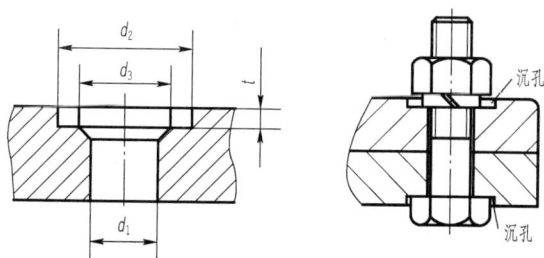

图 6-14 六角头螺栓与螺母使用的沉孔

应特别注意，为保证轴承座孔的精度，箱盖与箱座剖分面处不能加垫片。为保证箱盖与箱座结合后的密封性，可在箱座的剖分面上加工出回油沟，如图 6-15 所示，使渗入剖分面的油沿回油沟留回箱内。回油沟的结构尺寸与输油沟相似，可参考图6-6及图6-7。为保证箱盖与箱座的密封性，允许在剖分面间涂密封胶。

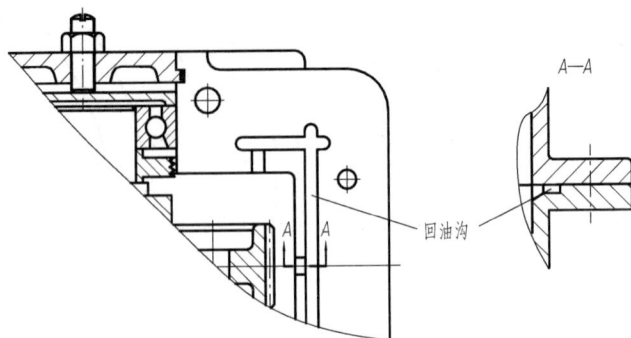

图6-15 回油沟的结构

6.2.4 确定箱座的高度

箱座高度 H 通常先按结构需要确定，再验算油池容积是否满足按传递功率所确定的需油量，如不满足则应适当加高箱座的高度（即增大油池容积）。

对于采用浸油润滑的卧式单级圆柱齿轮减速器，为避免大齿轮回转时将油池底部的沉积物搅起，大齿轮的齿顶圆到油池底面的距离不得小于30～50mm，如图6-16所示。这样就可以初步确定箱座高度为

$$H \geqslant (d_{a2}/2)+(30\sim50)+\mathit{\Delta} \tag{6-2}$$

式中，$\mathit{\Delta}$——机座地面至油池底面的距离，推荐值为20 mm。按式算得的数据应圆整成整数。

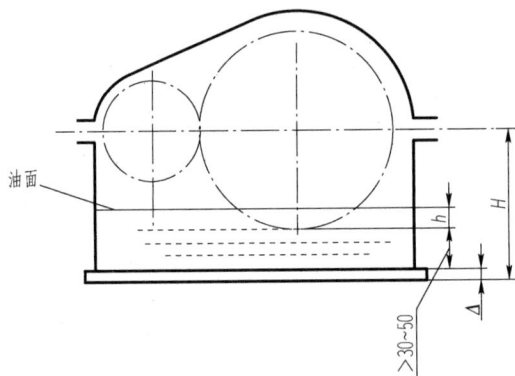

图6-16 减速器油面及油池深度

根据传动件的浸油深度确定油面高度 h。为保证传动件得到充分的润滑，同时避免搅油损失过大，圆柱齿轮应浸入油中一个全齿高，但应不小于10mm。这样确定的油面为最低油面，考虑润滑油在使用中会不断蒸发损耗，还应给出一个允许的最高油面，中小型减速器的油面差为5～10mm。

油面高度 h 确定之后，即可根据油池底面积计算箱体的储油量 V，V 应不小于传动的需

油量 V_0，即 $V \geqslant V_0$。若储油量不能满足要求，则将箱体底面适度下移，即增加机座高度及油池深度。通常对于单级减速器，每传递 1kW 功率的需油量为 350～700cm³，低黏度油取小值，高黏度油取大值。多级减速器的需油量按照级数成比例增加。

6.2.5　箱体结构的工艺性

在进行箱体结构设计时，还要特别注意结构工艺性问题，这直接关系到制造是否方便和经济上是否合理。结构工艺性包括铸造工艺性和机械加工工艺性等方面。以下将简述在大多数情况下必须遵守的结构设计原则，以供设计时参考。

1. 箱体结构的铸造工艺性

设计铸造箱体（包括轴承盖、套杯等）时，应力求外形简单，壁厚均匀，过渡平缓，避免大量的金属局部积聚等。

在确定壁厚尺寸时，要考虑金属液态流动的通畅性。壁厚不可太薄，太薄则可能出现铸件填充不满的缺陷。HT150 及 HT200 的最小允外壁厚为 8mm。

设计铸件结构时，还应注意沿起模方向有 1:20 或 1:10 的起模斜度，以便于造型时的起模。

2. 箱体结构的机械加工工艺性

在设计箱体结构形状时，应尽可能减少机械加工面，以提高劳动生产率，减少刀具磨损。在图 6-17 所示的箱座底面结构中，图 6-17（a）因加工面积太大不合理，后面三种结构较好。其中小型减速器多采用图 6-17（b）、（c）所示的结构，大型减速器可采用图 6-17（d）的结构。

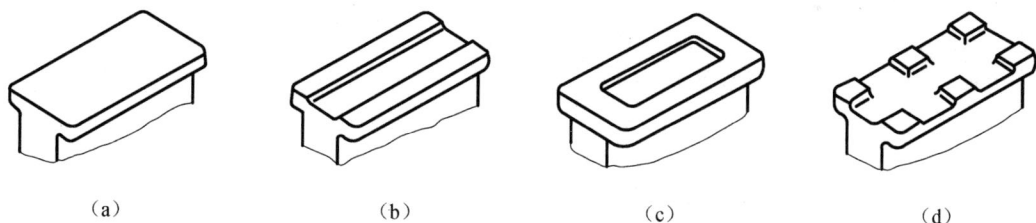

（a）　　　　　（b）　　　　　（c）　　　　　（d）

图 6-17　箱座底面的结构形式

同一轴心线上的两轴承座孔的直径、精度和表面粗糙度尽可能一致，以便于将孔一次镗出，既缩短了工时又可保证精度。同一方向的平面应尽量一次调整加工，如箱体每侧各轴承座的端面应位于同一平面内，且箱体两侧轴承座端面应尽量与箱体中心平面对称，以便于加工和检验。

箱体上任何一处加工表面与非加工表面必须严格分开，不要使它们处于同一表面上，或凸出或凹入，根据加工方法而定。例如，箱盖的窥视孔处、吊环螺钉处及轴承座端面和放油螺塞等处均采用凸台。支承螺栓头部或螺母的支承面多用沉头座，锪平沉头座时深度不限，锪平为止，可参考图 6-14。

6.3 减速器附件的设计及选择

在第 3 章中已对减速器的各附件进行了介绍，现对草图设计中的注意事项简述如下。

1. 窥视孔及其盖板

窥视孔的位置应开在传动件啮合区的上方，并应有适宜的大小，通常为长方形。中等及以上尺寸的减速器应能将手伸入进行检查。

窥视孔平时用盖板盖住，盖板下加封油垫片加强密封，以防止润滑油渗漏或污物进入箱体。盖板可用钢板、铸铁或有机玻璃制造，如图 6-18 所示，箱盖上安放盖板的表面应进行刨削或铣削，故应有凸台，凸台高度一般取 3～5mm。

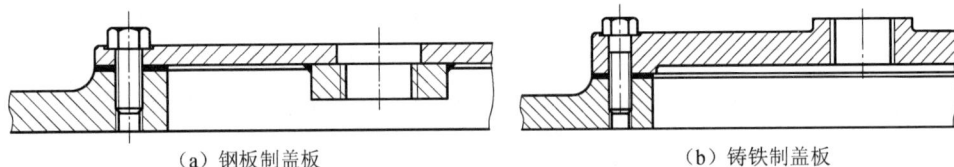

（a）钢板制盖板　　　　　　　　　（b）铸铁制盖板

图 6-18　窥视孔及其盖板

2. 通气器

通气器常用的有通气螺塞和网式通气器两种结构形式。清洁环境可选用构造简单的通气螺塞，如图 6-19 所示，其通气孔不直接通向顶端，以免落入灰尘。通气器可安装在箱体的顶部或窥视孔盖上。安装在钢板制的窥视孔盖时，用一个扁螺母固定，为防止螺母松脱落到箱体内，将螺母焊在窥视孔盖板上，如图 6-18（a）和图 6-19（a）所示。安装在铸造窥视孔盖板或箱盖上时，要在铸件上加工凸台及螺纹孔，如图 6-18（b）和图 6-19（b）所示。

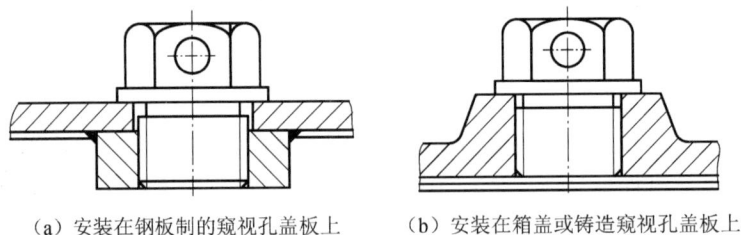

（a）安装在钢板制的窥视孔盖板上　　　（b）安装在箱盖或铸造窥视孔盖板上

图 6-19　通气螺塞的安装

多尘环境应选用有过滤灰尘作用的网式通气器，其结构可参考 3.2 小节。通气器的尺寸规格视减速器尺寸的大小而定，通气器的结构和尺寸可参考相关手册或图册，也可自行设计。

3. 油面指示器

油面指示器的种类很多，有油标尺（杆式油标）、圆形油标、长形油标和管状油标等。在难以观察到的地方，应该采用油标尺，其一般带有螺纹，刻度线按传动件润滑需要标明最高油面和最低油面。长期连续工作的减速器，在油标尺的外面常装有油标尺套，如图 6-20 所示。

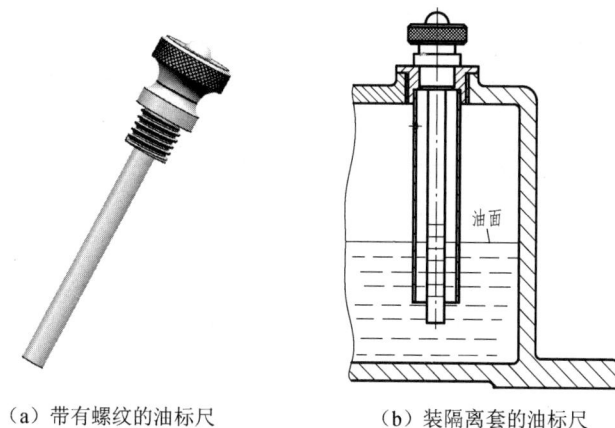

（a）带有螺纹的油标尺　　　　　（b）装隔离套的油标尺

图 6-20　油标尺的结构

油标安装的位置不能太低，以防止油池内的油通过油标座孔而溢出，其倾斜角度应便于油标座孔的加工及油标的装拆。在减速器的主视图上做局部剖视图画出油标的装配结构，如图 6-21 所示。油标最好安装在小齿轮一侧，这样可避免与齿轮干涉。

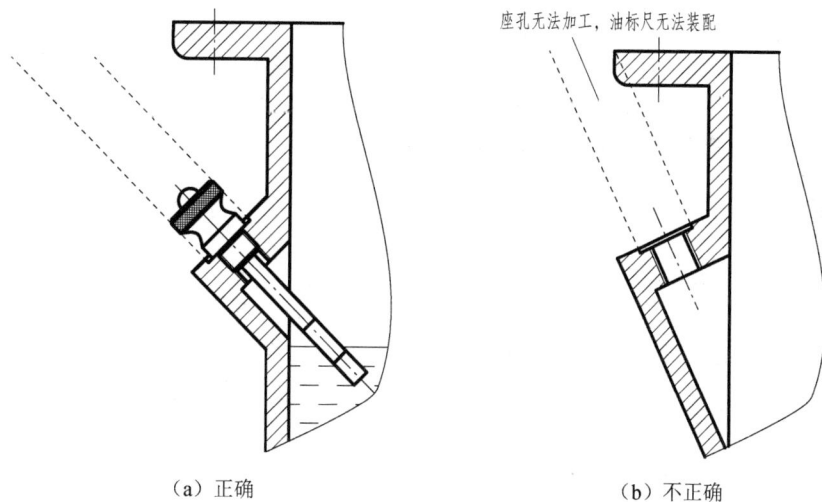

（a）正确　　　　　　　　　　　　（b）不正确

图 6-21　油标座孔的倾斜位置

4. 放油孔及放油螺塞

减速器通常在油池最低处设置一个或两个放油孔，平时用螺塞堵住，如图 6-22 所示。为将污油排净，箱底面常做成 1°～2° 倾斜面。放油孔不能高于油池底面，为便于攻内螺纹常在油池底面加工工艺坑。油孔处的箱体外壁应凸起一块，经机械加工成为螺塞头部的支承面，并加封油垫片以加强密封，垫片一般用石棉橡胶纸或皮革制成，如图 6-22（b）所示。螺塞常用的牙型有圆柱细牙螺纹和圆锥管螺纹两种，圆锥管螺纹螺塞能形成密封连接，可以不加密封垫片。近年来，常用圆锥管螺纹螺塞取代圆柱螺纹螺塞。螺塞直径可按箱座壁厚的 2～2.5 倍选取，外六角螺塞的结构和规格可参考附表 B8。

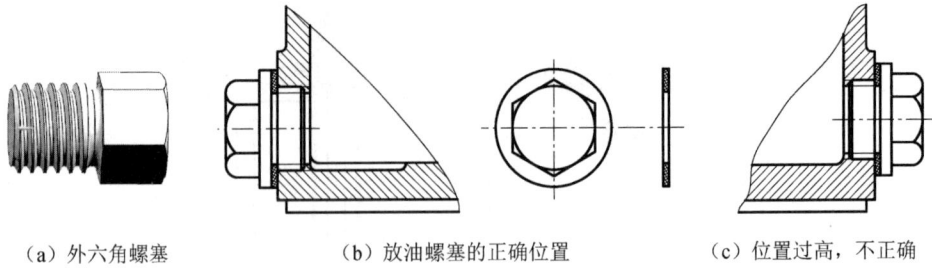

（a）外六角螺塞　　　　（b）放油螺塞的正确位置　　　　（c）位置过高，不正确

图 6-22　放油螺塞及安装位置

5. 定位销

在确定箱体连接凸缘上两定位销的位置时，应使两者的距离尽量远些，以提高定位精度。为避免箱盖装反，两定位销的位置应明显不对称。除此之外，还要照顾到拆装方便，并避免与其他零件（如上下箱连接螺栓、油标尺、吊钩等）干涉。一般常采用圆锥销或圆柱销作定位销，其长度应稍大于箱盖和箱座连接凸缘的总厚度，使两头露出以便拆装。定位销为标准件，公称直径可取箱座与箱盖连接螺栓直径的 0.7～0.8 倍，其结构尺寸见附表 B6。

6. 启盖螺钉

启盖螺钉的直径可与上下箱连接螺栓直径相同，其螺纹有效长度应大于箱盖凸缘的厚度 b_1。启盖螺钉的端部应制成圆柱形并光滑倒角或制成半球形，以免损坏杆端螺纹和结合面，如图 3-5 所示，其具体结构可参考 GB/T 85—1988。

7. 起吊装置

为拆卸及搬运减速器，应在箱体上设置起吊装置。

吊环螺钉是标准件，每台减速器可设置两个吊环螺钉，将其旋入箱盖凸台的螺纹孔中，吊环螺钉的凸肩应紧紧抵住支承面，图 6-23 是其安装。设计时按其重量选取，可参考附表 B7。起重螺栓也是标准件，第 10 章中装配图示例二就在箱盖上设置了 4 个起重螺栓。

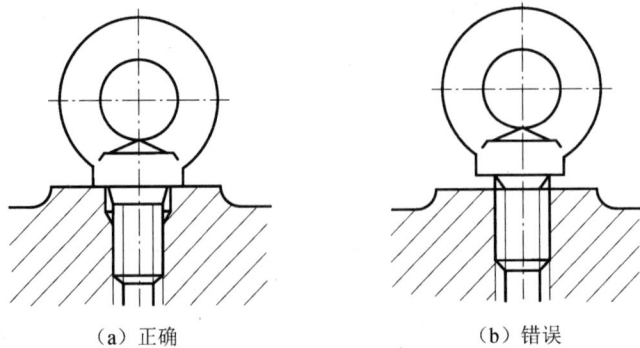

（a）正确　　　　　　（b）错误

图 6-23　吊环螺钉的安装

为减少机加工的工序，可在箱盖上直接铸出吊钩或吊耳，并在箱座上铸出吊钩。吊钩和吊耳的结构尺寸如图 6-24 所示。

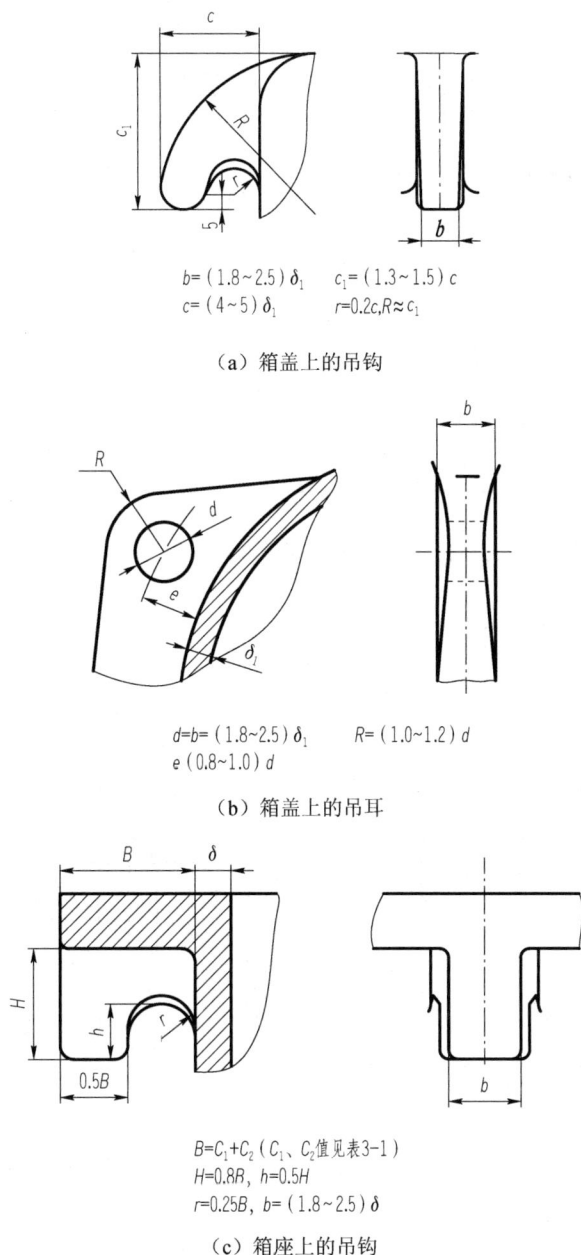

$b=(1.8\sim2.5)\delta_1 \quad c_1=(1.3\sim1.5)c$
$c=(4\sim5)\delta_1 \quad r=0.2c, R\approx c_1$

（a）箱盖上的吊钩

$d=b=(1.8\sim2.5)\delta_1 \quad R=(1.0\sim1.2)d$
$e(0.8\sim1.0)d$

（b）箱盖上的吊耳

$B=C_1+C_2（C_1、C_2值见表3-1）$
$H=0.8B, \ h=0.5H$
$r=0.25B, \ b=(1.8\sim2.5)\delta$

（c）箱座上的吊钩

图 6-24　箱体上铸造的吊钩和吊耳

当减速器质量较小时，箱盖上的吊环螺钉或起重吊环允许用来吊运整个减速器；当减速器质量较大时，则只允许吊运箱盖。箱座上的吊钩用来吊运下箱座或整个减速器。

经过这一阶段的设计，完成的单级圆柱齿轮减速器的装配草图如图 6-25 所示。

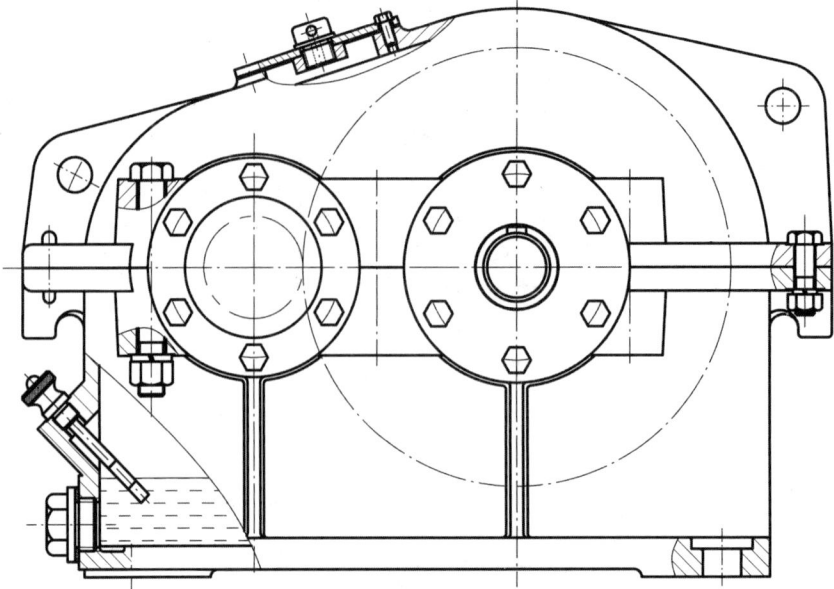

（a）主视图

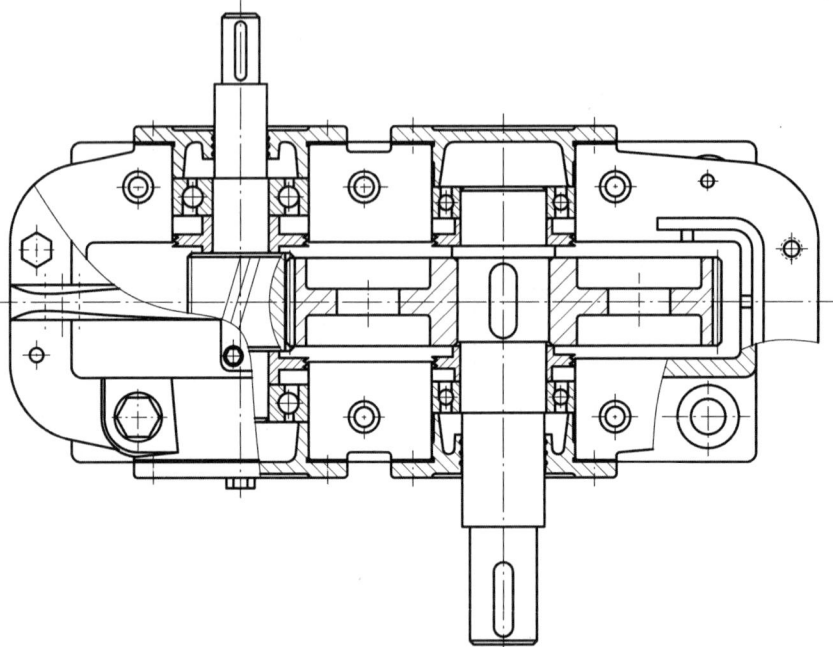

（b）俯视图

图 6-25 单级圆柱齿轮减速器的装配草图

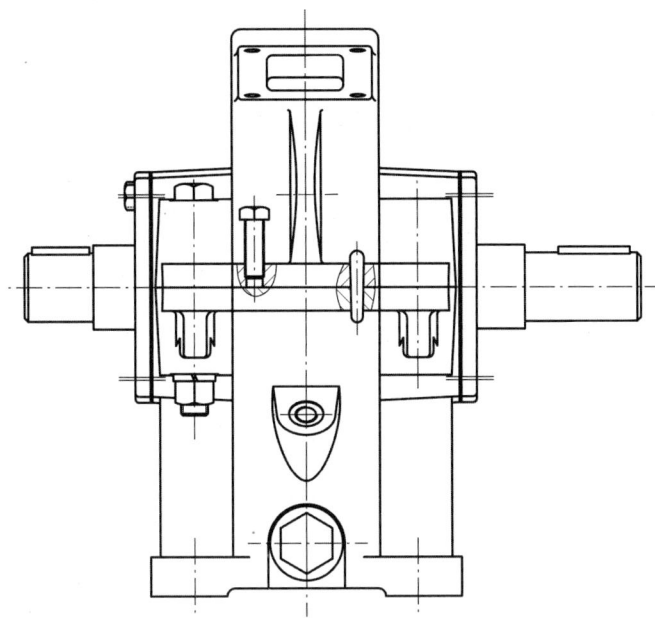

（c）左视图

图 6-25　单级圆柱齿轮减速器的装配草图（续）

6.4　检查修改装配草图

装配图完成后，还需对其进行认真检查并做必要的修改，检查内容主要有以下几个方面。

（1）装配草图与传动简图是否一致。

（2）轴系各零件在定位、固定、安装等方面是否满足要求。主要检查以下细节：

① 外伸段结构尺寸是否与有关零件（联轴器、带轮、链轮等）相协调。

② 轴上各零件能否正常装拆，轴向定位是否可靠，定位结构或零件是否固定在零件端面上。

③ 安装轴承等零件处的轴径是否与标准件型号规格一致。

④ 安装联轴器、带轮、链轮或齿轮的定位轴肩高度是否满足定位要求，轴承处的定位轴肩是否按规定设计，能否用轴承拆卸器拆卸轴承。

⑤ 键的位置是否便于轴上零件的装配，长度是否合适，各个轴段的键槽是否开在同一母线上。

⑥ 传动件与箱体的距离、轴承与内壁的距离是否合理等。

（3）齿轮，主要检查以下细节：

① 齿轮的结构（锻造或铸造）与强度计算时考虑的内容是否一致，结构尺寸是否合乎图册或手册的有关规定。

② 齿轮轴的材料是否与强度计算中的小齿轮材料一致。

③ 大小齿轮的宽度是否合乎要求。

④ 齿轮啮合位置在俯视图上是否正确画出等。

（4）箱体，主要检查以下细节：

① 底座、轴承座及左右两边的箱边宽度是否按地脚螺栓、轴承旁连接螺栓、箱边连接螺栓的扳手空间来确定。

② 箱体的厚度、上下箱箱边和底座箱边的厚度是否合乎要求。

③ 轴承旁连接螺栓凸台高度是否满足扳手空间要求，在三个视图上的投影是否正确。

④ 有无启盖螺钉及定位销，其尺寸是否符合要求，其位置是否合理。

⑤ 装窥视孔盖板处、轴承端盖处、吊环螺钉处等是否有凸台，安装螺栓、螺母处有无沉头座，尺寸是否合理等。

（5）润滑、密封及附件，主要检查以下细节：

① 箱体的高度是否合理，齿轮的浸油深度是否符合要求。

② 是否按照速度等条件选择的轴承润滑方式，是否按需要设置了挡油盘或封油盘。

③ 密封形式是否根据接触处的速度和环境条件进行选取，画法是否符合要求。

④ 放油油塞、检查孔盖处是否有密封垫片。

⑤ 油标的位置是否便于操作，旋入放油螺塞的螺纹孔是否可加工，放油孔能否将油排干净等。

（6）螺钉、螺栓连接，主要检查以下细节：

① 螺钉头部和螺母在三个视图上的投影是否正确，剖视图中内外螺纹的连接等是否按规定画出。

② 螺栓和螺钉长度是否合乎标准，螺栓尾部有无预留长度。

③ 弹簧垫圈的开口方向、角度和直径是否正确。

④ 轴承盖与箱体的连接螺钉是否避开了上下箱的结合面，会不会与轴承旁连接螺栓发生干涉等。

第 7 章

完成减速器装配工作图

经过装配草图设计，已确定了减速器各零部件的结构及其关系。但是作为完整的装配工作图，还有许多内容需要完成。

装配工作图的主要内容有表达装配结构的一组视图，标注必要的尺寸及配合关系，编写零部件的序号，绘制及填写标题栏和明细表，编制减速器技术特性表等。

7.1 绘制装配工作图的要点

根据装配草图确定的结构和尺寸，并考虑装配工作图的各项内容，合理布置图面。绘制装配工作图的要点如下：

（1）尽量将减速器的工作原理和主要装配关系集中表达在一个视图上，如齿轮减速器可取俯视图作为集中表达的基本视图。

（2）某些结构可按国家标准规定采用简化画法。例如，对于若干相同的零件组，如螺栓连接等，可详细地画出一组，其余只需用点画线表示其装配位置。对于微小间隙、薄片零件等，若按实际尺寸难以表示清楚，可不按比例而采用夸大画法。在装配图中，零件的工艺结构，如圆角、倒角、退刀槽等可不画出。

（3）画剖视图时，相邻接的零件的剖面线方向或剖面线的间距应取不同，以便区别。对于剖面宽度尺寸较小（≤2mm）的零件，其剖面线允许采用涂黑表示，如垫片。应该特别注意，同一零件在各视图上，其剖面线的方向及间距应一致。

（4）若要求手工绘图，不要急于描粗加深，待零件工作图设计完成后，看是否进行某些必要的修改，再加深完成装配工作图的设计。加深时要求各种线型的宽度按机械制图标准绘制，而且要求既黑又亮。

（5）字体基本要求：汉字应写成长仿宋体，并应采用简化字。字母和数字可写成斜体和直体，斜体字字头向右倾斜，与水平基准线成 75°。用作指数、分数、极限偏差、注脚等的数字及字母，一般应采用小一号字体。零件图在此方面的要求与装配图一致。

· 55 ·

7.2 标 注 尺 寸

装配工作图是安装减速器时所依据的图样，因此在装配图上应标注相关零件的定位尺寸、减速器的外廓尺寸、零件间的配合关系及配合尺寸等。至于各零件的结构形状尺寸及公差，则不标注在装配图上，而应在零件工作图上加以标注。装配工作图上应该标注的尺寸一般有如下几种。

1. 特性尺寸

特性尺寸是表明减速器的性能、规格和特性的尺寸，如传动零件的中心距及其偏差等。当齿轮精度为5、6级时，中心距极限偏差等于IT7/2；当齿轮精度为7、8级时中心距极限偏差等于IT8/2；当齿轮精度为9、10级时中心距极限偏差等于IT9/2。

2. 配合尺寸

配合尺寸是表明各配合零件之间装配关系的尺寸，如齿轮与轴、轴与轴承、轴承与轴承座孔等的配合尺寸。注出这些配合尺寸的同时应注明其配合性质和精度等级。配合性质和精度等级的选择对于减速器的工作性能、加工工艺及制造成本均有很大的影响，一般应该参考有关文献进行认真选择。本设计只要求标出几个配合尺寸，可参考表7-1。

表7-1 典型零件的推荐用配合

配合零件	配合代号	配合性质	装拆方法
大型减速器中低速轴与齿轮的配合	H7/s6	中等压入配合	压力机或温差法
重载齿轮与轴的配合，轴与联轴器、带轮链轮的配合	H7/r6	不常拆卸的轻型过盈配合	
受冲击、振动的重负载齿轮与轴的配合	H7/p6		
轴与齿轮、带轮、链轮、联轴器的配合	H7/m6	较紧的过渡配合	铜锤
滚动轴承内圈与轴的配合（内圈旋转）	js6、j6（轻负载）k6、m6（中等负载）	过盈配合	压力机
滚动轴承外圈与箱体孔的配合（外圈不转）	H7	过渡配合	木槌或徒手
轴承盖与箱体孔的配合	H7/d11	间隙配合	徒手
与密封件相接触的轴段	f9、h11		

3. 安装尺寸

减速器本身需要安装在地基或机械设备的某平台或支座上，同时减速器还要与电动机或与其他传动部分相连接，这就需要标注一些安装尺寸。例如，箱体底座的尺寸、地脚螺栓孔的定位尺寸、地脚螺栓孔的直径和中心距、外伸轴的直径及配合长度、伸出端的中心高、伸出轴端面距箱体某基准面的距离等。

4. 外形尺寸

外形尺寸指减速器的总长、总宽及总高的尺寸，表明减速器占有的空间尺寸，以供包装运输和布置安装场所参考。

标注尺寸时，尽可能集中标注在反映主要结构关系的视图上，并尽量布置在视图轮廓线的外面，整齐排列。

7.3 编写零件序号

为了便于读图、装配和做好生产准备工作，必须对装配图上每个不同的零件、部件进行编号，同时编制出相应的标题栏和明细表。

零件编号应符合机械制图标准的有关规定，避免出现遗漏和重复。编号应将所有零件按顺序整齐排列，对于形状、尺寸及材料完全相同的零件应编为一个序号。编号的引线用细实线引到视图的外面，引线之间不应相交，也不得与视图中的剖面线相平行。对于装配关系明显的零件组，如螺栓、螺母及垫圈这样的零件组，可采用一条公共指引线，但应为零件组中的零件分别编号。各独立部分，如滚动轴承、通气器和油标等，虽然由几个零件所组成，但只编一个序号。

在指引线的水平线（细实线）上或圆（细实线）内注写序号，序号字高比该装配图中所注尺寸数字高度大一号或两号。指引线应自所指部分的可见轮廓内引出，并在末端画一圆点，若所指部分（很薄的零件或涂黑的剖面）内不便画圆点时，可在指引线的末端画出箭头，并指向该部分的轮廓。指引线及零件编号的常用格式如图 7-1 所示。

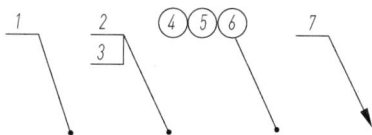

图 7-1 指引线及零件编号的格式

另外，装配图中零件、部件的序号，应与明细栏中的序号一致。

7.4 编写标题栏和明细表

标题栏应布置在图纸的右下角，用以说明减速器的名称、视图比例、件数、质量和图号。

明细表是减速器所有零件、部件的详细目录，应注明各零件、部件的序号、代号（标准件的国家标准代号或非标准件的图号）、名称、数量、材料及标准规格等。填写明细表的过程也是最后确定各零件、部件的材料和选定标准件的过程。设计时应尽量减少材料的品种和标准件的规格种类。

明细表应自下而上按顺序填写，各标准件均须按规定标记书写。材料应注明材料牌号。需要注意的是，对于标准螺纹连接件按性能等级进行标注，不再给出材料牌号。国家制图标准规定的标题栏和明细表的格式，可参考附图 A1。填写示例可参考图 7-2。

11		挡油环	2	Q235			
10		套筒	1	Q235			
9		大齿轮	1	20Cr			$m=2$, $z=86$
8	GB/T 1096—2003	键 B 16×56	1	45			
7	GB/T 292—2007	轴承 7210B	2				
6	GB/T 77—2007	调整螺钉 M8	1	6.8 级			
5		调整垫片	2组	08F			成组
4	GB/T 1096—2003	键 8×45	1	45			
3		齿轮轴	1	45			$m=2$, $z=21$
2		轴承端盖	1	HT200			
1	GB/T 3452.1—2005	O 形密封圈 50×1.8	1	橡胶			
序号	代号	名称	数量	材料	单件　　总计 质量		备注

图 7-2　明细表的填写示例

7.5　编制减速器技术特性表

减速器的技术特性，通常采用表格形式布置在装配图图面的空白处，单级减速器所列项目如表 7-2 所示。

表 7-2　单级圆柱齿轮减速器技术特性表

输入功率/kW	输入转速/（r/min）	效率 η	传动比 i	传动特性				
				m_n	z_1	z_2	β	精度等级
								小齿轮
								大齿轮

7.6　编写技术要求

装配工作图上的技术要求是用文字或符号说明在视图上无法表达的有关装配、调整、检查和维护等方面的要求，以保证减速器的工作性能。

1. 对安装及密封的要求

装配前所有零件均应清除铁屑并用煤油或汽油清洗，箱体内不应有任何杂物，内壁应涂防侵蚀的涂料。箱盖和箱座的结合面，各零件、部件之间的接触面及密封处，均不允许漏油。剖分面上严禁用垫片但可以涂密封胶或水玻璃。在拧紧连接螺栓前，应用 0.05mm 的塞尺检查其密封性。

2．对齿轮传动侧隙和接触斑点的要求

齿轮安装后，应保证所需的传动侧隙和齿面接触斑点。这是由传动件的精度等级决定的，侧隙的检验方法是将塞尺或铅片塞进相互啮合的两齿面之间，测出塞尺厚度或铅片变形后的厚度。若要检查接触斑点，则通常是在主动轮齿面上涂色，当主动轮回转 2～3 周后，观察从动轮齿面的着色情况，分析接触区的位置和接触面积的大小，看其是否符合精度要求。

当接触斑点没有达到精度要求时，应该调整传动件的啮合位置，或对齿面进行适当刮研及进行负载跑合以提高装配精度。

3．对滚动轴承安装和调整的要求

滚动轴承工作过程中必须保证一定的间隙。对于间隙不可调的轴承（深沟球轴承），可在轴承外圈端面与轴承端盖间留有 0.2～0.5mm 的间隙，跨度尺寸越大，此间隙应越大，反之应取较小值。当采用可调间隙的轴承（角接触轴承和圆锥滚子轴承）时，其间隙值较小，根据配合过盈量的大小和温升大小在 0.02～0.15 mm 内选取，具体可查机械设计手册。

4．对润滑的要求

闭式齿轮传动因齿面接触应力高，通常要求润滑油具有较高的极压性能，推荐采用齿轮油和极压工业齿轮油。油品种类及黏度可参见教材或相关手册。

润滑剂对减速及传动性能影响很大，因此要注明传动零件及轴承所用润滑剂的牌号、用量、补充和更换时间。

5．其他要求

必要时可对减速器试验、外观、包装、运输等提出要求。

第 8 章

零件工作图的设计

零件工作图是制造、检验和制定零件工艺规程的基本技术文件。它是在装配工作图的基础上拆绘和设计而成的。零件工作图应该包括制造和检验零件所需的全部详细内容，如视图、尺寸与公差、几何公差、表面粗糙度、材料及热处理要求，以及以上各项中尚未标明的技术条件和各项说明。根据课程设计的教学要求，可绘制几张零件工作图，具体由指导教师规定。

8.1 零件工作图的设计要点

1. 合理选择视图

每个零件都必须单独绘制在一张标准图幅（参见附表 A1 及附表 A2）中，合理地选用一组视图（包括基本视图、剖面图、局部剖视图和其他规定画法），将零件的结构形状和尺寸完整、准确而清晰地表达出来。比例尺应尽量选用 1:1，以增强零件的真实感。必要时，可适当放大或缩小，放大或缩小的比例尺亦必须符合标准规定（参见附表 A3）。对于零件的细部结构（如退刀槽、过渡圆角和保留中心孔等），如有必要，可以采用局部放大图。

图面的布置应根据视图的轮廓大小，考虑标注尺寸、书写技术要求及绘制标题栏等占据的位置做全盘安排。

零件基本结构与主要尺寸，均应根据装配工作图来绘制，即与装配工作图一致。如果必须改动，则应对装配工作图做相应的修改。

2. 尺寸的标注

在零件工作图上标注的尺寸和公差，是加工和检验零件的依据，必须完整、准确而合理。其标注的方法应该符合标注规定及加工工序要求，还应便于检验。

尤其需要注意：标注各尺寸的极限偏差时要与装配图相一致。配合处的尺寸及精度较高部位的几何尺寸，均应根据装配工作图中已经确定的配合性质和精度等级，查有关公差表，注出尺寸的极限偏差。

3．零件表面粗糙度的标注

零件表面粗糙度不仅直接影响零件表面的耐磨性、耐腐蚀性、零件的疲劳强度及其配合性质等，还影响零件自身的加工工艺和制造成本。因此，确定零件表面粗糙度时，应根据零件表面的工作要求、精度等级和加工方法等综合考虑，在不影响零件正常工作的前提下尽量选用 Ra 较大的表面粗糙度。粗糙度度参数值的选择，通常采用类比法。

零件的所有表面均应注明其粗糙度。如有较多的表面具有相同的粗糙度时，可在零件工作图的右上角进行统一标注，并加"其余"字样。这样可避免在图形中出现多处重复标注，使图面更为简洁。

4．几何公差的标注

零件工作图上应标注必要的形状和位置公差，它们也是评定零件加工质量的重要指标之一。对于不同零件，所标注的几何公差项目及等级亦不相同。

轴和齿轮零件工作图中应标注的几何公差项目及公差等级亦不相同，轴和齿轮应标注的项目可分别参考 10.2 节和 10.3 节给出的图例，其数值可由相关手册查取。

5．技术条件

对于在制造零件时必须保证的技术要求，用图形或符号不便于表示时，可用文字做简单说明，通常包括如下内容：

（1）对铸件及毛坯的要求，如不允许有飞边、氧化皮，在机械加工前必须经过时效处理等。

（2）对表面机械性能的要求，如热处理方法及热处理后的表面硬度、淬火深度及渗碳深度等。

（3）对制造工艺的要求，如箱体上的定位销孔，一般是要求上下箱体配钻和配铰。

（4）其他条件，如对未注明的倒角、圆角的说明；对零件局部修饰的要求，涂色、镀铬等；是否要打钢印及打印的位置；对于高速大尺度的回转零件，要求做动、静平衡的试验等。

总之，技术条件的内容很广，课程设计中可酌情编写几项。

6．填写零件图的标题栏

零件的名称、材料、数量、图号、比例等，必须准确无误地在标题栏中填写清楚。

8.2　轴类零件工作图

1．视图

轴类零件的结构特点是各组成部分为同轴线的圆柱体或圆锥体，一般将轴线水平横置，只画一个视图，同时在键槽、圆孔等处增加必要的剖面图。对于零件的细部结构，如退刀槽、砂轮越程槽、中心孔等处，必要时应绘制局部放大图。

2. 尺寸标注

轴类零件主要标注直径尺寸、长度尺寸、键槽和细部结构尺寸等。

为了保证轴上所装零件的轴向定位，在标注轴的长度尺寸时要符合工艺要求，考虑基准面和尺寸链问题。精度要求不高的某一长度尺寸不予标注。

3. 公差及表面粗糙度的标注

轴的重要尺寸如安装齿轮、链轮及联轴器部位的直径，均应依据装配图上所选定的配合性质查出公差值标注在零件图上；轴上装轴承部分的直径公差，应根据轴承与轴的配合性质查公差表后加以标注；键槽尺寸及公差，亦应根据键连接公差的规定进行标注。

轴类零件图还需要标注必要的几何公差，如圆柱度、圆跳动公差、端面跳动公差及键槽对称度等，从而保证轴的加工精度。其公差值可查 GB/T 1184—1996。各部分的表面粗糙度值可参考表 8-1 选择或查机械设计手册。轴的零件工作图示例在第 10 章给出，供设计参考。

表 8-1 典型零件表面粗糙度选择

表面特性	部位	表面粗糙度 Ra 的荐用值/μm		
传动件、联轴器等轮毂与轴的配合表面	轴	1.6～3.2		
	轮毂			
滚动轴承配合面	轴承座孔直径/mm	轴或外壳配合表面直径公差等级		
		IT5	IT6	IT7
	≤80	0.4～0.8	0.8～1.6	1.6～3.2
	(80,500]	0.8～1.6	1.6～3.2	1.6～3.2
	端面	1.6～3.2	3.2～6.3	
齿轮	—	齿轮的精度等级		
		7	8	9
	齿面	0.8	1.6	3.2
	外圆	1.6～3.2		3.2～6.3
	端面	0.8～3.2		3.2～6.3
普通平键与键槽	工作表面	3.2～6.3		
	非工作表面	6.3～12.5		
轴端面、倒角、螺栓孔等非配合表面		12.5～25		
密封轴段表面	毡圈密封	橡胶密封		间隙及迷宫密封
	与轴接触处的圆周速度/（m/s）			
	[0,3]	(3,5]	(5,10]	1.6～3.2
	1.6～3.2	0.4～0.8	0.2～0.4	

8.3　齿轮类零件工作图

1. 视图

圆柱齿轮可视为回转体，通常用两个视图表达。将齿轮的轴线水平横置，采用全剖或半剖画出主视图，表示孔、键槽、轮毂、轮辐及轮缘的结构。侧视图可以全部画出，以表示齿轮的轮廓形状和轴孔、键槽、轮毂、轮辐及轮缘的整体结构；也可以绘成局部视图，只表示轴孔、键槽的形状尺寸。

2. 尺寸标注

齿轮零件工作图上的尺寸按回转体尺寸的标注方法进行标注。径向尺寸以轴线为基准线标注，齿宽方向的尺寸以端面为基准标注。在进行尺寸标注时，既要注意不要遗漏，又要避免重复。

齿轮的分度圆直径是设计计算的公称尺寸，齿顶圆直径、轮毂直径、轮辐（或辐板）等尺寸是加工生产中不可缺少的尺寸，都应该标注在图纸上。齿根圆直径是根据其他尺寸参数加工的结果，按规定应不予标注。

3. 公差及表面粗糙度的标注

齿轮零件工作图上所有配合尺寸或精度要求较高的尺寸，均应根据齿轮的配合性质和精度等级，查出公差及偏差值并标注。

齿轮的几何公差还包括键槽两边侧面对于中心线的对称公差，按 7~9 级精度选取。

齿轮所有表面都要标注相应的表面粗糙度参数值，该值可参考表 8-1 进行选取。

4. 啮合特性表

齿轮的啮合特性表应布置在齿轮工作图的右上角。其内容包括齿轮的基本参数（法向模数 m_n，齿数 z，齿形角 α 及斜齿轮的螺旋角 β），精度等级和相应各检验项目的公差，如图 8-1 所示。

圆柱齿轮的零件工作图图例在 10.3 节给出，仅供设计参考。

法向模数		m_n	2
齿数		Z_2	120
齿形角		α	20°
齿顶高系数		h_a	1.0
螺旋角		β	0°
螺旋方向			
变位系数		X	0
精度等级		8HJGB/T 10095—2008	
中心距		$a\pm f_a$	150±0.031
配对齿轮	图号	001	
	齿数	Z_1	30
齿距累计总公差		F_p	0.069
齿廓总公差		F_α	0.020
齿向公差		F_β	0.029
径向跳动公差		F_γ	0.055
齿厚	公法线平均长度及其上、下偏差	$80.752^{-0.176}_{-0.220}$	
	跨齿数	K	11

图 8-1　齿轮零件图上的啮合特性表

第9章

编写设计计算说明书和准备答辩

设计计算说明书是整个课程设计的整理和总结，是图纸设计的理论依据，也是审核设计是否合理的技术文件之一。因此，编写设计计算说明书是一个重要环节。

9.1 设计计算说明书的编写内容

单级圆柱齿轮减速器的设计说明书一般包括如下内容：

（1）封面（含设计题目、设计者姓名、学号和班级等），可参考图 9-1。

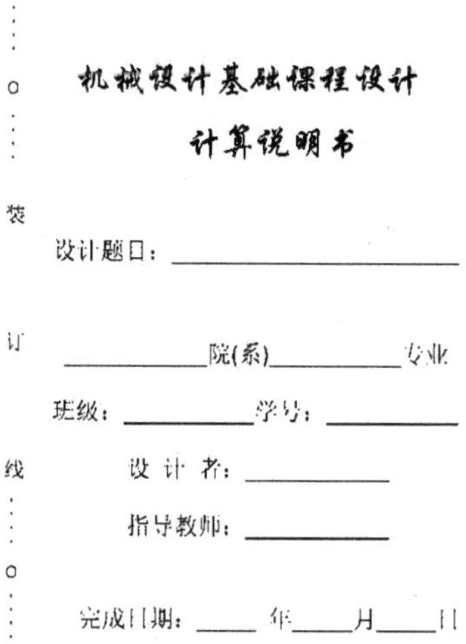

机械设计基础课程设计

计算说明书

设计题目：＿＿＿＿＿＿＿＿＿

＿＿＿＿＿院(系)＿＿＿＿＿专业

班级：＿＿＿＿＿学号：＿＿＿＿＿

设计者：＿＿＿＿＿

指导教师：＿＿＿＿＿

完成日期：＿＿年＿＿月＿＿日

图 9-1　设计说明书封面格式

（2）目录（含标题及页次）。
（3）设计任务书（含传动方案简图及设计参数）。
（4）电动机的选择。
（5）传动装置的运动与动力参数的选择和计算。
（6）传动零件的设计。
（7）轴的设计计算。
（8）滚动轴承的选择与寿命验算。

（9）键连接的选择和强度校核。

（10）联轴器的选择。

（11）减速器附件的选择。

（12）润滑与密封。

（13）设计小结（简要说明设计体会、本设计的优缺点）。

（14）参考文献。

9.2 说明书的编写要求及格式

说明书通常要求手写在规定格式的用纸上，并装订成册。其应满足以下要求：

（1）文字精练，书写工整，计算正确，论述清楚。

（2）引用的公式、数据等，应注明来源（参考资料的编号和页次）。

（3）计算过程应层次分明：公式→数据代入→结果→结论。

（4）应附有与计算有关的简图，如轴的结构简图、受力图、弯矩图和转矩图等。

由于设计的时间较短，关于技术说明等内容可不详细编入，重点应放在对设计计算内容的整理上。

设计说明书的书写格式，可参考图9-2。

计算及说明	结果
1. 电动机的选择 1）选择电动机类型 按工作要求及工作条件，选用 Y 系列三相异步交流电动机，封闭自扇冷式结构，电压380V。 2）确定电动机功率 根据式（2-3a）可得工作机所需功率为 $$P_w=\frac{Fv}{1\,000}=\frac{1\,000\times2.2}{1\,000}=2.2(\text{kW})$$ 传动装置的总功率 $$\eta=\eta_1\eta_2^2\eta_3\eta_4\eta_5\eta_6$$ 按表 2-1 确定各部分效率如下 V 带传动的效率 $\eta_1=0.94$ 一对滚动轴承的效率 $\eta_2=0.99$ 闭式齿轮传动的效率 $\eta_3=0.97$（暂定精度 8 级） 金属滑块联轴器的效率 $\eta_4=0.97$ 一对滑动轴承的效率 $\eta_5=0.97$ 运输滚筒的效率 $\eta_6=0.96$ 代入得： $$\eta=0.94\times0.99^2\times0.97\times0.97\times0.97\times0.96\approx0.807$$ 所需电动机功率为 $$P_t=\frac{P_w}{\eta}=\frac{2.2}{0.807}=2.73(\text{kW})$$ 由手册或附表 C1 可选电动机的额定功率 $P_0=3$ kW。 3）确定电动机转速 ……	电动机型号为 Y132S-6； 额定功率 $P_0=3$ kW

图 9-2 设计说明书的书写格式示例

9.3　准　备　答　辩

答辩是机械设计基础课程设计的重要组成部分，每个学生单独进行。答辩中所提问题，一般以设计方法、步骤及设计计算说明书和图样所涉及的内容为限。指导教师也可将各个环节的重点问题制成题签，配合答辩。通过答辩，不仅可以考核和评估学生的设计成果，而且能使学生进一步发现设计中存在的问题，增加设计中的收获，进一步提高工程设计能力，达到课程设计的目的。

答辩前的准备工作包括整理和检查全部图样和说明书；对设计思路和内容进行系统、全面地回顾和总结，力争把所有环节搞懂弄透。

课程设计成绩的评定，应以设计计算说明书、设计图样和答辩中回答问题的情况为根据，参考设计过程的平时成绩进行评定。

第 10 章

课程设计参考图例

10.1 单级圆柱齿轮减速器装配工作图示例

1. 装配图示例一

单级圆柱齿轮减速器装配工作图示例一如图 10-1 所示。

2. 装配图示例二

单级圆柱齿轮减速器装配工作图示例二如图 10-2 所示。

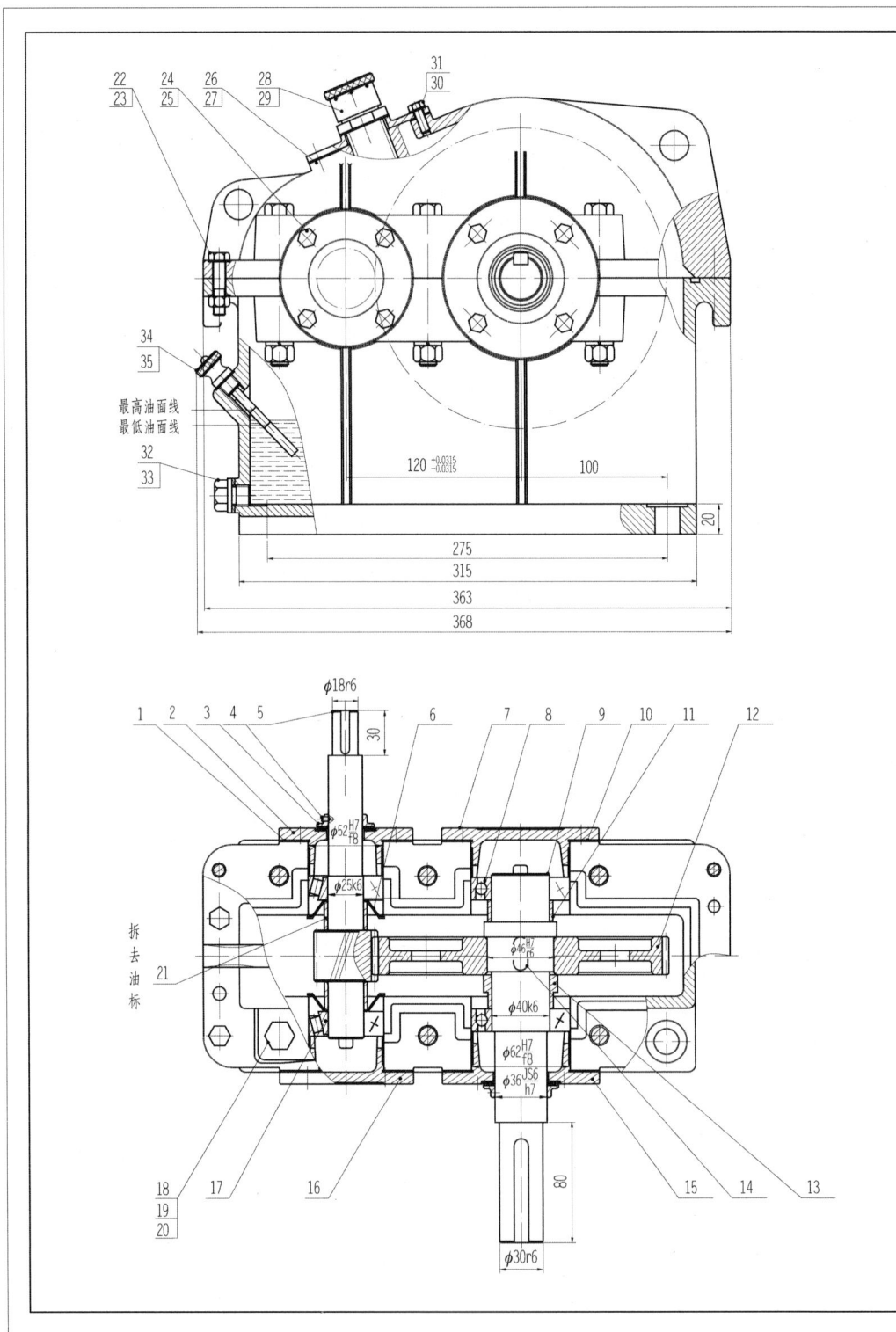

图 10-1 单级圆柱齿轮减速器装配工作图示例一

最高油面线
最低油面线

拆去油标

$\phi18r6$

$\phi52\frac{H7}{f8}$

$\phi25k6$

$\phi46\frac{H7}{f6}$

$\phi40k6$

$\phi62\frac{H7}{f8}$

$\phi36\frac{JS6}{h7}$

$\phi30r6$

拆去窥视孔盖、油标、放油螺栓

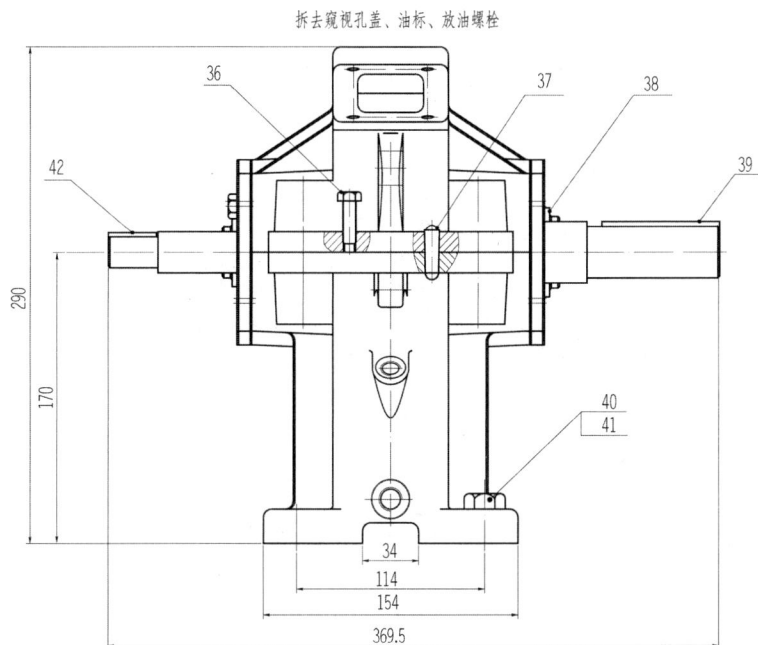

技术特性

功率/kW	高速轴转速/(r/min)	传动比
2.909	650	4.79

技术要求

1. 装配前，检验零件的配合尺寸，清洗所有零件，机体内壁涂防锈漆。
2. 减速器内装CKC150工业润滑油至规定高度。
3. 装配后，啮合侧隙用铅丝检验不小于0.16，铅丝不得大于最小侧隙的两倍。
4. 用涂色法检验齿面接触斑点，沿齿宽方向不少于50%，沿齿高方向不少于55%，必要时可研磨或刮后研磨，以改善接触情况。
5. 圆锥滚子轴承的轴向调整间隙为0.05～0.1 mm。
6. 减速器的机体、密封处及剖分面不得漏油，剖分面可以涂密封胶或水玻璃，但不得使用垫片。
7. 对外伸轴的机器配合零件部分需涂油包装严密，机体表面涂灰色油漆，运输及装卸不可倒置。

42	GB/T 1096—2003	键 C6×28	1	45	
41	GB 93—1987	弹簧垫圈 16	4	65Mn	
40	GB/T 799—1988	弹脚螺栓 M16×70	4		
39	GB/T 1096—2003	键 C10×70	1	45	
38		密封件	1	HT200	
37	GB/T 117—2000	定位销 M3×32	2		
36	GB/T 5783—2016	启盖螺钉M8×30	1		
35		封油垫圈	1	石棉橡胶纸	
34		油标	1		
33		封油垫圈	1	石棉橡胶纸	
32	GB/T 4450—2006	螺栓 M14×1.5	1	Q235	
31	GB/T 859—1987	弹簧垫圈 M6	4	65Mn	
30	GB/T 5783—2016	螺栓 M6×16	4	5.6级	
29		封油垫圈	1	石棉橡胶纸	
28		透气盖	1	Q235	
27		封油垫片	1	石棉橡胶纸	
26		窥视板	1	Q235A	
25	GB/T 859—1987	弹簧垫圈 M8	20	65Mn	
24	GB/T 5783—2016	螺钉 M8×20	16	5.6级	
23	GB/T 6170—2015	螺母 M8	4	5级	
22	GB/T 5782—2016	螺栓 M8×40	4	5.6级	
21		轴套	2		
20	GB/T 6170—2015	六角螺母 M12	6	5级	
19	GB/T 859—1987	弹簧垫圈 M12	6	65Mn	
18	GB/T 5782—2016	螺栓 M12×100	6	5.6级	
17	GB/T 297—2015	圆锥滚子轴承 30205	2		成组
16		轴承端盖	1	HT200	
15		轴承端盖	1	HT200	
14	GB/T 1096—2003	键 10×22	2	35	
13		轴套	1	Q235	
12		大齿轮 m=2	1	40CrMnMo	β=19.67
11		轴套	1	Q235	
10		调整垫片	1组	08F	成组
9		轴	1	45	
8	GB/T 292—2007	角接触球轴承 7008AC	2		成组
7		轴承端盖	1	HT200	
6		挡油盘	1组	35	成组
5		齿轮轴	1	40Cr	
4	GB/T 71—1985	开槽锥定螺钉 M3×6	2		
3		密封片	1	HT200	
2		轴承端盖	1	HT200	
1		调整垫片	一组	08F	成组
序号	代号	名称	数量	材料	单件/总计质量 备注

装配图 一级圆柱齿轮减速器

图 10-1　单级圆柱齿轮减速器装配工作图示例一（续）

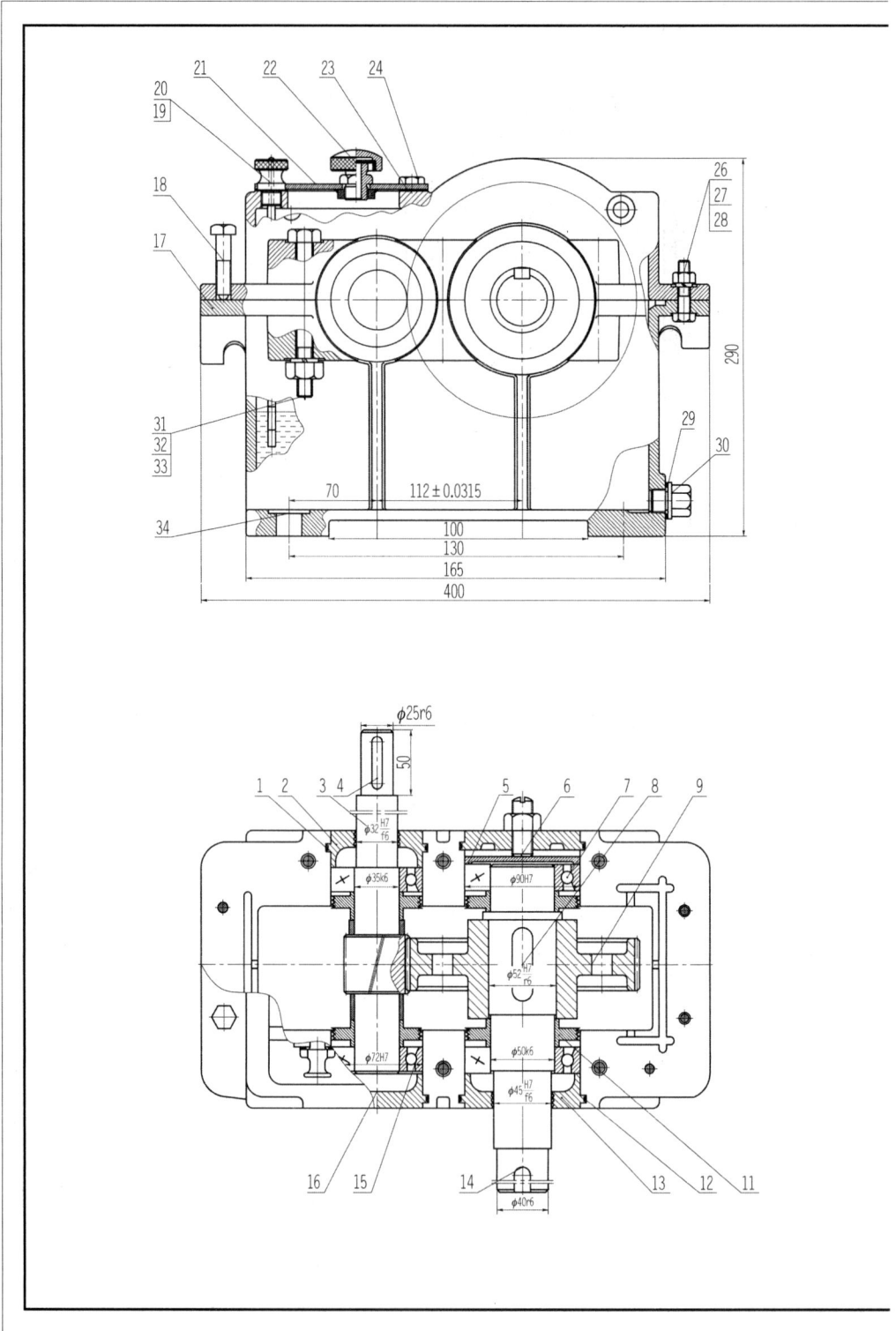

图 10-2 单级圆柱齿轮减速器装配工作图示例二

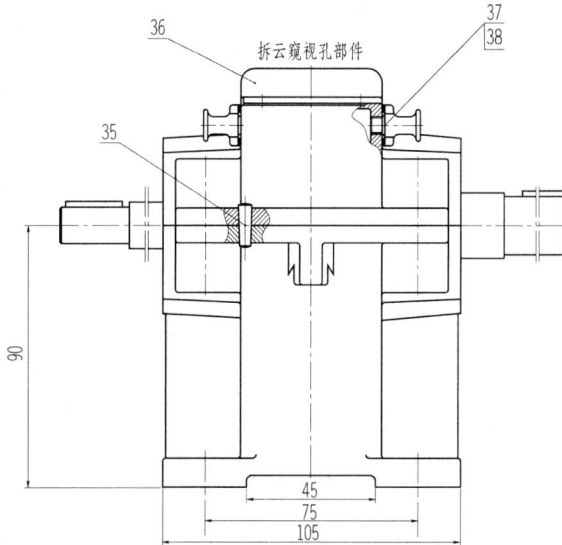

技术特性

功率/kW	高速轴转速/(r/min)	传动比
2.2	342.86	4.08

技术要求

1. 装配前，检验零件的配合尺寸，清洗所有零件，机体内壁涂耐油油漆。
2. 机床内装L-AN68润滑油至规定高度；轴承用ZN-3钠基脂润滑。
3. 装配后，啮合侧隙用铅丝检验不小于0.16，铅丝不得大于最小侧隙的两倍。
4. 用涂色法检验齿面接触斑点，沿齿宽方向不少于60%，沿齿高方向不少于50%，必要时可研磨或利后研磨，以改善接触情况。
5. 对于固定间隙的向心球轴承，调整轴向间隙0.25～0.4mm。
6. 各密封处、结合处均不得渗油、漏油，剖分面可以涂密封漆或水玻璃，不允许使用任何填料。
7. 按减速器试验规程进行试验。
7. 对外伸轴的机器配合零件部分需涂油包装严密，机体表面涂灰色油漆，运输及装卸不可倒置。

序号	代号	名称	数量	材料	单件总计质量	备注
37	GB/T 97.1—2002	垫圈	4	Q235		
36	JB/T 8025—1999	起重螺栓 M12	4	45		
35		机盖	1	HT200		
34	GB/T 117—2000	定位销A 8×30	2	45		
33	GB/T 799—1988	地脚螺栓 M18				
32	GB/T 6170—2015	螺母 M12	6	6级		
31	GB/T 93—1987	弹簧垫圈 12	6	65Mn		
30	GB/T 5782—2016	螺栓 M12×15	6	6.8级		
29	JB/ZQ 4450—2006	螺塞 M14×15	1			
28		垫片	1	石棉橡胶纸		
27	GB 93—1987	弹簧垫圈 M10	4	65Mn		
26	GB 6170—2015	螺母 M10	4	6级		
25	GB 5782—2016	螺栓 M8×40	4	6.8级		
24	GB 5782—2016	螺栓 M8×25	4	6.8级		
23		垫片	1	石棉橡胶纸		
22		透气器 M18×1.5	1			
21		窥视孔盖	1			
20		垫片	1	石棉橡胶纸		
19		油标尺 M16	1			组合件
18		启盖螺钉 M12	1			
17		箱座	1	HT200		
16		轴承端盖	1	HT200		
15	GB/T 292—2017	键 7207B	2			
14	GB/T 1093—2003	键 C12×70	1	45		
13		轴承端盖	1	HT200		
12	GB/T 3452.1—2005	O形密封圈	1	橡胶		
11		封油盘	1	Q235		
9		大齿轮	1	20Cr		m=2,z=86
8	GB/T 1096—2003	键 16×56	1	45		
7	GB/T 292—2007	轴承 7210B	2			
6	GB/T 5277—1985	调整螺钉 M8	1			
5		调整盘				
4	GB/T 1096—2003	键 8×45	1	45		
3		齿轮轴	1	45		m=2,z=21
2		轴承端盖	1	HT200		
1	GB/T 3452.1—2005	O形密封圈 50×1.8	1	橡胶		
序号	代号	名称	数量	材料	单件 总计 质量	备注

				装配图		(单位名称)
标记	处数	分区	签名 年月日			单级圆柱齿轮减速器
描图				阶段标记	质量	比例
审核						1:1
工艺				共1张 第1张		

图 10-2　单级圆柱齿轮减速器装配工作图示例二（续）

10.2　轴的零件工作图示例

轴的零件工作图示例如图 10-3 所示。

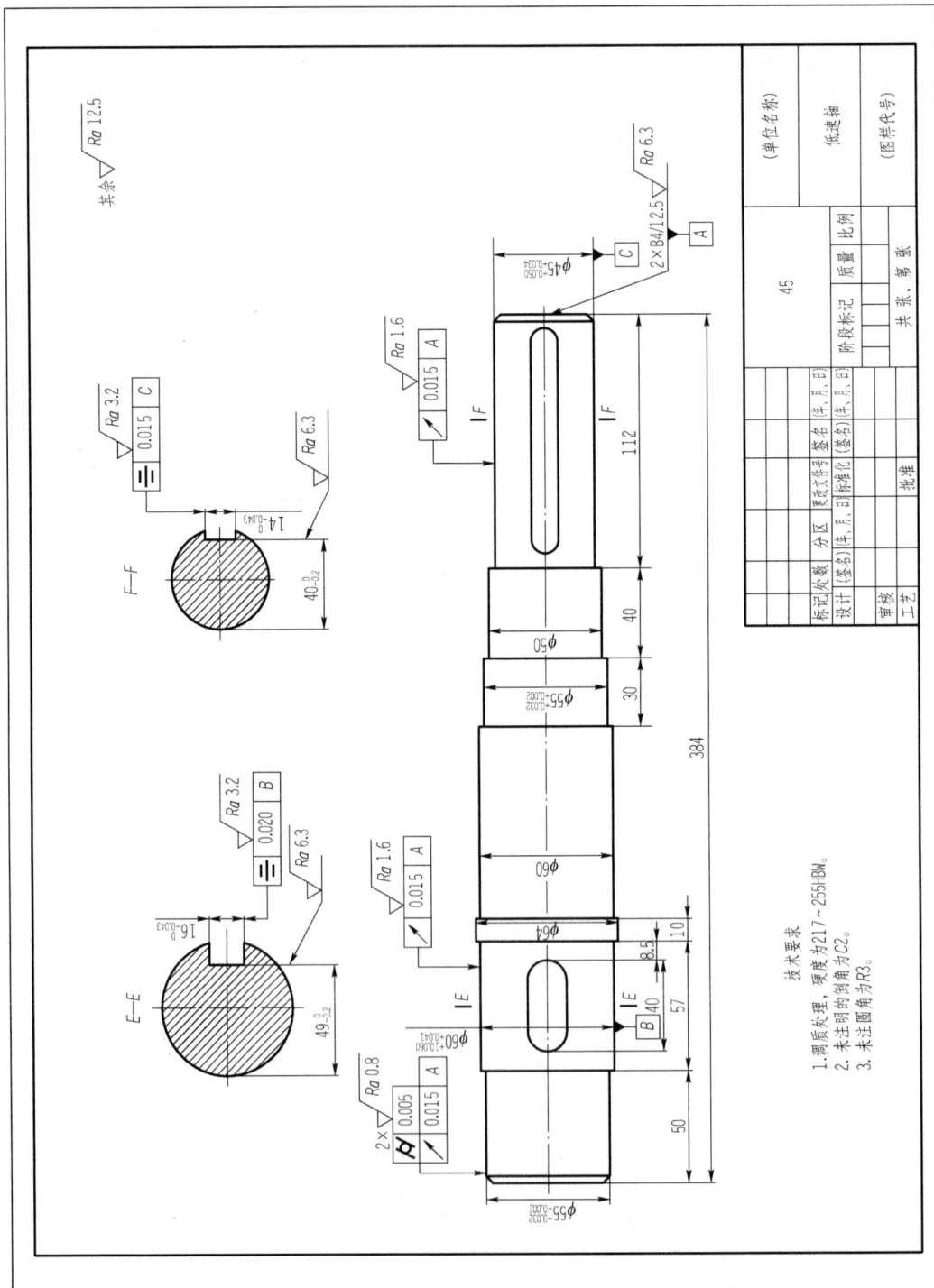

图 10-3　轴的零件工作图示例

10.3 齿轮的零件工作图示例

齿轮的零件工作图示例如图 10-4 所示。

法向模数	m_n	2
齿数	Z_2	120
齿形角	α	20°
齿顶高系数	h_a	1.0
螺旋方向	β	0°
变位系数	X	0
精度等级		8HJ GB/T 10095—2008
中心距	$\alpha \pm f_a$	150 ± 0.031
配对齿轮	图号	
	齿数	30
齿距累计总公差	F_p	0.069
齿廓总公差	F_a	0.020
齿向公差	F_β	0.029
径向跳动公差	F_r	0.055
公法线平均长度 及其上、下偏差		$80.752^{-0.176}_{-0.220}$
跨齿数	K	11

技术要求
1. 正火处理190～217HBS。
2. 未注倒角C2, 圆角R8。
3. 起模斜度1:20。

(单位名称)			
大齿轮			
(图样代号)			
45			
	阶段标记	质量	比例
	共 1 张, 第 1 张		

标记	处数	分区	更改文件号	签名	年,月,日
设计	(签名)	(年,月,日)	标准化	(签名)	(年,月,日)
审核					
工艺		批准			

图 10-4 齿轮的零件工作图示例

其余 $\sqrt{Ra\ 12.5}$

$51.5^{-0.2}$

$\sqrt{Ra\ 3.2}$ 14 ± 0.0215 $\boxed{A}$
$\boxed{= \mid 0.012 \mid A}$
$\sqrt{Ra\ 6.3}$

$2 \times C1$ $\sqrt{Ra\ 3.2}$
$\phi 220$
$\phi 149$
$\phi 78$
$\sqrt{Ra\ 6.3}$
$2 \times \boxed{\nearrow \mid 0.022 \mid A}$

$\sqrt{Ra\ 6.3}$
$\boxed{\nearrow \mid 0.022 \mid A}$

$6 \times \phi 45$ EQS
$\sqrt{Ra\ 3.2}$
$\phi 48^{+0.025}_{0}$
$\boxed{A}$
$\phi 240$
$\phi 244_{-0.29}$
72

附录A　机　械　制　图

附表 A1　图纸幅面及格式（摘自 GB/T 14689—2008）

（单位：mm）

留装订边　　　　　　　　　　　　　不留装订边

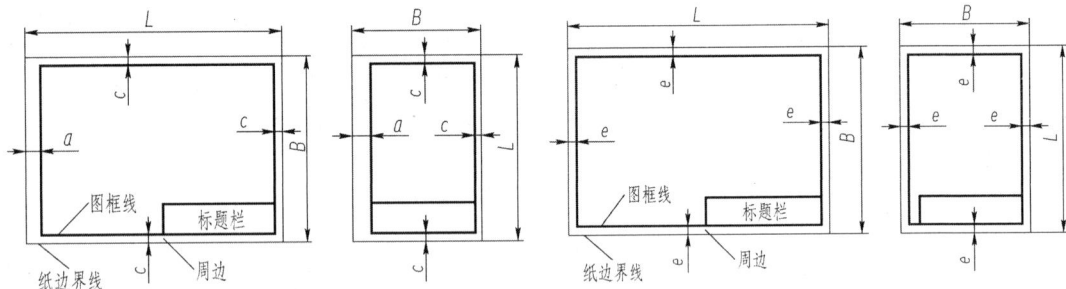

基本幅面					加长幅面					
第一选择					第二选择		第三选择			
幅面代号	A0	A1	A2	A3	A4	幅面代号	B×L	幅面代号	B×L	幅面代号	B×L
B×L	841×1 189	594×841	420×594	297×420	210×297	A3×3	420×891	A0×2	1 189×1 682	A3×5	420×1 486
e	20			10		A3×4	420×1 189	A0×3	1 189×2 523	A3×6	420×1 783
						A4×3	297×630	A1×3	841×1 783	A3×7	420×2 080
c	10			5		A4×4	297×841	A1×4	841×2 378	A4×6	297×1 261
						A4×5	297×1 051	A2×3	594×1 261	A4×7	297×1 471
a	25							A2×4	594×1 682	A4×8	297×1 682
								A2×5	594×2 102	A4×9	297×1 892
加长幅面边框尺寸										

注：1. 绘制技术图样时，应优先选用基本幅面。必要时，也允许选用第二选择或第三选择的加长幅面。

　　2. 加长幅面的边框尺寸，按所选用的基本幅面大一号的边框尺寸确定。例如，A3×3 的边框尺寸按 A2 的边框尺寸确定。

附表 A2　图样比例（摘自 GB/T 14690—1993）

原值比例（与实物相同）	1:1
缩小的比例	(1:1.5)，1:2，(1:2.5)，(1:3)，(1:4)，1:5，(1:6)，(1:1.5×10ⁿ)，1:2×10ⁿ，(1:2.5×10ⁿ)，(1:3×10ⁿ)，(1:4×10ⁿ)，1:5×10ⁿ，(1:6×10ⁿ)，1:1×10ⁿ
放大的比例	2:1，(2.5:1)，(4:1)，5:1，1×10ⁿ:1，2×10ⁿ:1，(2.5×10ⁿ:1)，(4×10ⁿ:1)，5×10ⁿ:1

注：1. n 为正整数。

2. 绘制同一机件的各个视图时，应尽可能采用相同的比例，使绘图和看图方便。

3. 必要时，允许在同一视图中的铅垂和水平方向标注不同的比例（但两种比例的比值应不超过 5 倍）。

4. 当图形中孔的直径或薄片的厚度等于或小于 2 mm，以及斜度和锥度较小时，可不按比例而夸大画出。

5. 比例应标注在标题栏的比例栏内，必要时，可在视图名称的下方或右侧标注。

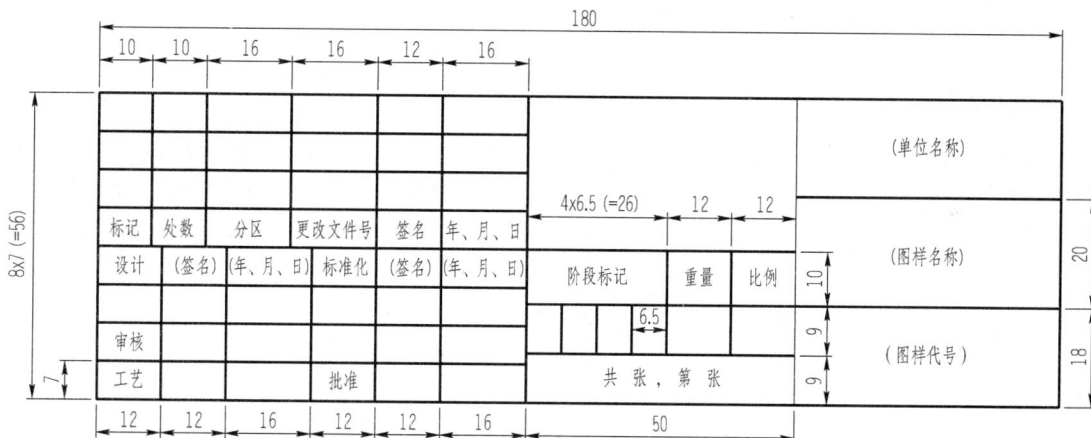

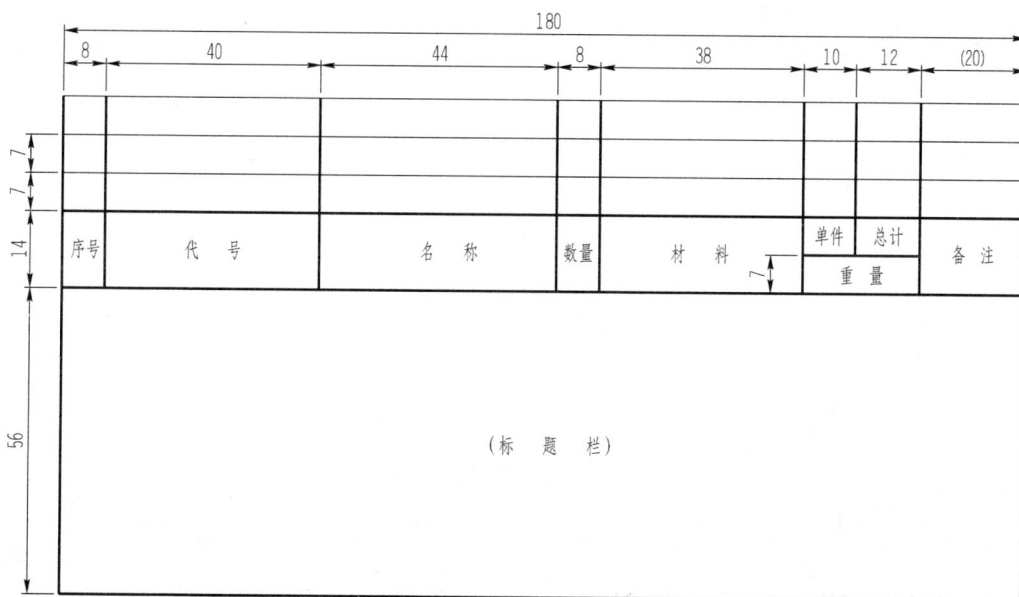

附图 A1　标题栏和明细表的格式（摘自 GB/T 10609.1—2008、GB/T 10609.2—2009）

附录B 常用连接标准件

附表B1 六角头螺栓—A和B级（摘自GB/T 5782—2016）

六角头螺栓—全螺纹A和B级（摘自GB/T 5783—2016）

（单位：mm）

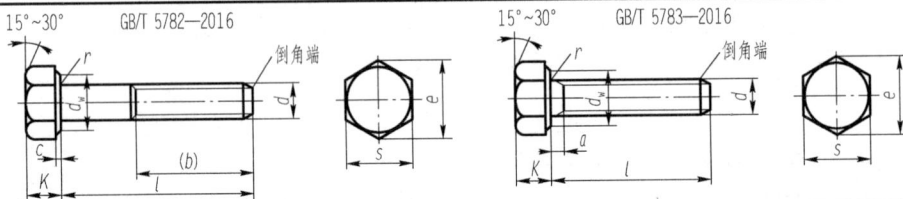

标记示例：
螺纹规格d=M12、公称长度l=80、性能等级为8.8级、表面氧化、A级的六角头螺栓的标记为螺栓GB/T 5782—2016 M12×80

标记示例：
螺纹规格d=M12、公称长度l=80、性能等级为8.8级、表面氧化、全螺纹、A级的六角头螺栓的标记为螺栓GB/T 5783—2016 M12×80

螺纹规格 d		M3	M4	M5	M6	M8	M10	M12	(M14)	M16	(M18)	M20	(M22)	M24	(M27)	M30	M36
P		0.5	0.7	0.8	1	1.25	1.5	1.75	2	2	2.5	2.5	2.5	3	3	3.5	4
b 参考	$l \le 125$	12	14	16	18	22	26	30	34	38	42	46	50	54	60	66	—
	$125 < l \le 200$	18	20	22	24	28	32	36	40	44	48	52	56	60	66	72	84
	$l > 200$	31	33	33	37	41	45	49	53	57	61	65	69	73	79	85	97
a	max	1.5	2.1	2.4	3	3.75	4.5	5.25	6	6	7.5	7.5	7.5	9	9	10.5	12
c	max	0.4	0.4	0.50	0.5	0.6	0.6	0.6	0.6	0.8	0.8	0.8	0.8	0.8	0.8	0.8	0.8
	min	0.15	0.15	0.15	0.15	0.15	0.15	0.15	0.15	0.2	0.2	0.2	0.2	0.2	0.2	0.2	0.2
d_w min	A	4.6	5.9	6.9	8.9	11.6	14.6	16.6	19.6	22.5	25.3	28.2	31.7	33.6	—	—	—
	B	4.5	5.7	6.7	8.7	11.5	14.5	16.5	19.2	22	24.9	27.7	31.4	33.3	38	42.8	51.1
e min	A	6.01	7.66	8.79	11.05	4.38	17.77	20.03	23.35	26.75	30.14	33.53	37.72	39.89	—	—	—
	B	5.88	7.50	8.63	10.89	4.20	17.59	19.85	22.78	26.17	29.56	32.95	37.29	39.55	45.2	50.85	60.79
K	公称	2	2.8	3.5	4	5.3	6.4	7.5	8.8	10	11.5	12.5	14	15	17	18.7	22.5
r	min	0.1	0.2	0.2	0.25	0.4	0.4	0.6	0.6	0.6	0.6	0.8	0.8	0.8	1	1	1
s	公称	5.5	7	8	10	13	16	18	21	24	27	30	34	36	41	46	55
l 范围		20~30	25~40	25~50	30~50	40~80	45~100	50~120	60~140	65~160	70~180	80~200	90~220	90~240	100~260	110~300	140~360
l 范围（全螺线）		6~30	8~40	10~50	12~60	16~80	20~100	25~120	30~140	30~150	35~150	40~150	45~150	50~150	55~150	60~200	70~200
l 系列		6, 8, 10, 12, 16, 20~70（5进位），80~160（10进位），180~360（20进位）															

技术条件	材料	力学性能等级	螺纹公差	公差产品等级		表面处理
	钢	8.8	6g	A级用于 $d \le 24$ 和 $l \le 10d$ 或 $l \le 150$		氧化或镀锌钝化
				B级用于 $d > 24$ 和 $l > 10d$ 或 $l > 150$		

注：1. A、B为产品等级，A级最精确、C级最不精确。C级产品详见GB/T 5780—2016、GB/T 5781—2016。

2. l系列中，全螺栓中的55、65等规格尽量不采用。

3. 括号内为第二系列螺纹直径规格，尽量不采用。

附表 B2　1 型六角螺母—A 和 B 级（摘自 GB/T 6170—2015）、

六角薄螺母—A 和 B 级—倒角（摘自 GB/T 6172.1—2016）

（单位：mm）

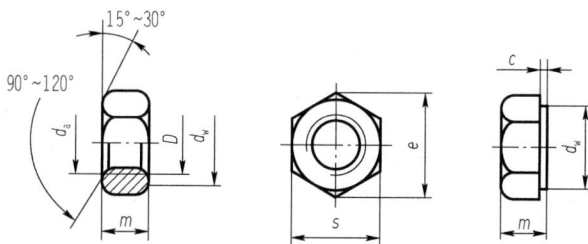

标记示例：

螺纹规格 D=M12、性能等级为 8 级、不经表面处理、

A 级的 1 型六角螺母的标记为

螺母 GB/T 6170—2015 M12

标记示例：

螺纹规格 D=M12、性能等级为 04 级、不经表面处理、

A 级的六角薄螺母的标记为

螺母 GB/T 6172.1—2016 M12

螺纹规格		M3	M4	M5	M6	M8	M10	M12	(M14)	M16	(M18)	M20	(M22)	M24	(M27)	M30	M36
P		0.5	0.7	0.8	1	1.25	1.5	1.75	2	2	2.5	2.5	2.5	3	3	3.5	4
d_n	max	3.45	4.6	5.75	6.75	8.75	10.8	13	15.1	17.30	19.5	21.6	23.7	25.9	29.1	32.4	38.9
d_w	min	4.6	5.9	6.9	8.9	11.6	14.6	16.6	19.6	22.5	24.9	27.7	31.4	33.3	38	42.8	51.1
e	min	6.01	7.66	8.79	11.05	14.38	17.77	20.03	23.36	26.75	29.56	29.56	37.29	39.55	45.20	50.85	60.79
s	max	5.5	7	8	10	13	16	18	21	24	27	30	34	36	41	46	55
c	max	0.4	0.4	0.5	0.6	0.6	0.6	0.6	0.6	0.8	0.8	0.8	0.8	0.8	0.8	0.8	0.8
m (max)	六角螺母	2.4	3.2	4.7	5.2	6.8	8.4	10.8	12.8	14.8	15.8	18	19.4	21.5	23.8	25.6	31
	薄螺母	1.8	2.2	2.7	3.2	4	5	6	7	8	9	10	11	12	13.5	15	18

技术条件	材料	性能等级	螺纹公差	表面处理	公差产品等级
	钢	六角螺母 6，8，10 薄螺母 04，05	6H	不经处理或镀锌钝化	A 级用于 D≤M16 B 级用于 D＞M16

附表 B3　内六角圆柱头螺钉（摘自 GB/T 70.1—2008）

（单位：mm）

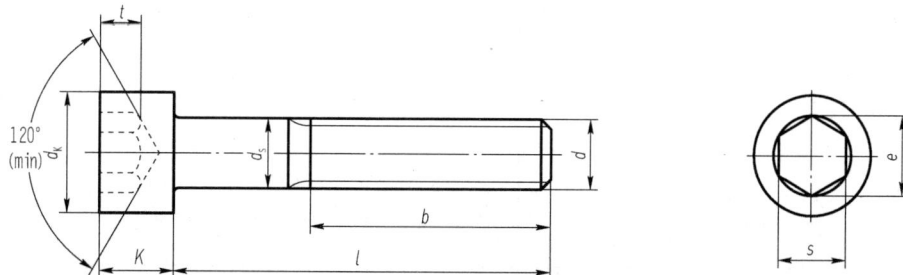

标记示例：螺纹规格 d=M8、公称长度 l=20、性等级为 8.8 级、表面氧化的 A 级内六角圆柱头螺钉的

标记为螺钉　GB/T 70.1—2008 M8×20

续表

螺纹规格 d	M5	M6	M8	M8	M10	M12	M16	M20	M24	M36
b（参考）	22	24	28	32	36	44	52	60	72	84
d_k（max）	8.5	10	13	16	18	24	30	36	45	54
e（min）	4.58	5.72	6.68	9.15	11.43	16	19.44	21.73	25.15	30.85
K（max）	5	6	8	10	12	16	20	24	30	36
s（公称）	4	5	6	8	10	14	17	19	22	27
t（min）	2.5	3	4	5	6	8	10	12	15.5	19
l范围（公称）	8～50	10～60	12～80	16～100	20～120	25～160	30～200	40～200	45～200	55～200
制成全螺纹时 $l \leqslant$	8～20	10～30	12～35	16～40	20～50	25～60	30～70	40～80	45～100	55～110

L系列（公称）	8，10，12，16，20～50（5 进位），（55），60，（65），70～160（10 进位），180，200				

技术条件	材料	性能等级	螺纹公差	产品等级	表面处理
	刚	8.8，10.9，12.9	12.9 级为 5g 或 6g，其他等级为 6g	A	氧化

注：括号内规格尽可能不采用。

附表 B4　标准型弹簧垫圈（摘自 GB 93—1987）、轻型弹簧垫圈（摘自 GB 859—1987）

（单位：mm）

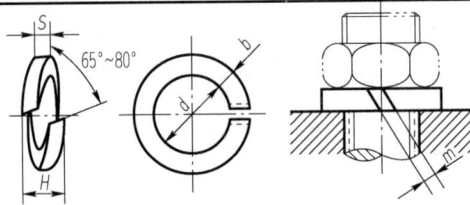

标记示例：

规格 16mm，材料为 65Mn、表面氧化的标准型弹簧垫圈，标记为　**垫圈 GB 93—1987 16**

规格 16mm，材料为 65Mn、表面氧化的轻型弹簧垫圈，标记为　**垫圈 GB 859—1987 16**

规格（螺纹大径）	d	GB 93—1987		GB 859—1987		
		$S(b)$	$m \leqslant$	S	b	$m \leqslant$
3	3.1	0.8	0.4	0.6	1	0.3
4	4.1	1.1	0.5	0.8	1.2	0.4
5	5.1	1.3	0.65	1.1	1.5	0.55
6	6.1	1.6	0.8	1.3	2	0.65
8	8.1	2.1	1.05	1.6	2.5	0.8
10	10.2	2.6	1.3	2	3	1
12	12.2	3.1	1.55	2.5	3.5	1.25
(14)	14.2	3.6	1.8	3	4	1.5
16	16.2	4.1	2.05	3.2	4.5	1.6
(18)	18.2	4.5	2.25	3.6	5	1.8
20	20.2	5	2.5	4	5.5	2
(22)	22.5	5.5	2.75	4.5	6	2.25
24	24.5	6	3	5	7	2.5
(27)	27.5	6.8	3.4	5.5	8	2.75
30	30.5	7.5	3.75	6	9	3
36	36.5	9	4.5	—	—	—

注：材料为 65Mn，淬火并回火处理，硬度为 42～50 HRC，尽可能不采用括号内的规格。

附表 B5　普通平键的形式和尺寸（摘自 GB/T 1095—2003、GB/T 1096—2003）

（单位：mm）

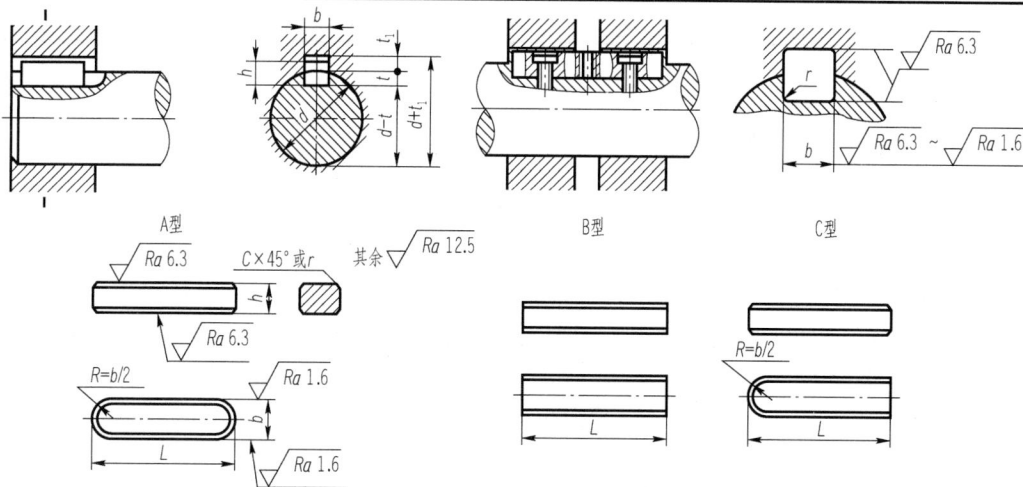

标记示例：

圆头普通平键（A 型）b=16mm，h=10mm，L=100mm：键 16×100 GB/T 1096—2003

平头普通平键（B 型）b=16mm，h=10mm，L=100mm：键 B16×100 GB/T1096—2003

单圆头普通平键（C 型）b=16mm，h=10mm，L=100mm：键 C16×100 GB/T1096—2003

轴		键	键槽										
公称直径 d		公称尺寸 b×h	宽度 b 的极限偏差						深度				半径 r
			松联接		正常联接		紧密联接		轴 t		毂 t_1		
大于	至		轴 H9	毂 D10	轴 N9	毂 JS9	轴和毂 P9		公称尺寸	极限偏差	公称尺寸	极限偏差	最小	最大
12	17	5×5	+0.030	+0.078	0	±0.015	-0.012		3.0	+0.1	2.3	+0.1	0.08	0.16
17	22	6×6	0	0.030	-0.03		-0.042		3.5	0	2.8	0		
22	30	8×7	+0.0360	+0.098	0	±0.018	-0.015		4.0		3.3		0.16	0.25
30	38	10×8		+0.040	-0.036		-0.051		5.0		3.3			
38	44	12×8	+0.043	+0.120	0	±0.0215	-0.018		5.0		3.3		0.25	0.40
44	50	14×9	0	+0.050	-0.043		-0.061		5.5	+0.20	3.8	+0.20		
50	58	16×10							6.0		4.3			
58	65	18×11							7.0		4.4			
65	75	20×12	+0.052	+0.149	0	±0.026	-0.022		7.5		4.9		0.40	0.60
75	85	22×14	0	0.065	-0.052		-0.074		9.0		5.4			
85	95	25×14							9.0		5.4			
95	110	28×16							10.0		6.4			

键的长度系列：14，16，18，20，22，25，28，32，36，40，45，50，56，63，70，80，90，100，110，125，140，160，180，200，250，280，320，360

注：1. 在工作图中，轴槽深用 t 或 d-t 标注，轮毂深用 d-t_1 标注。

2. d-t 和 d+t_1 两组组合尺寸的极限偏差按相应的 t 和 t_1 极限偏差选取，但 d-t 极限偏差值应取负号（-）。

3. 键长 L 公差为 h14，宽 b 公差为 h9，高 h 公差为 h11。

4. 轴槽、轮毂槽的键槽宽度 b 两侧面的表面粗糙度参数 Ra 推荐为 1.6～3.2μm；轴槽底面、轮毂槽底面的表面粗糙度参数 Ra 为 6.3μm。

附表 B6　圆柱销不淬硬钢和奥氏体不锈钢（摘自 GB/T 119.1—2000）、
圆锥销（摘自 GB/T 117—2000）

（单位：mm）

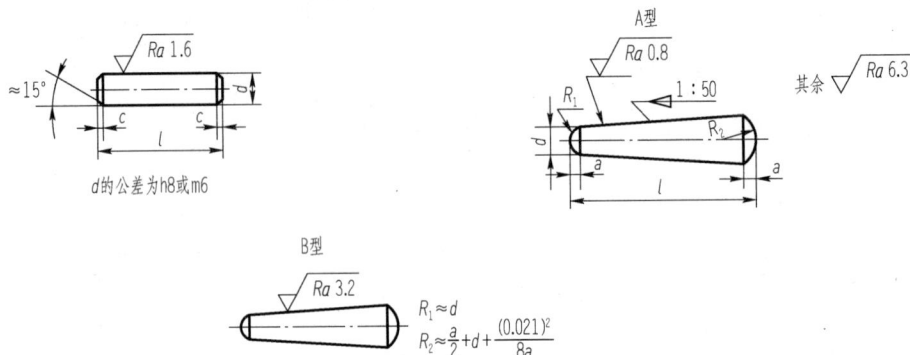

标记示例：

公称直径 d=8mm、公差 m6、公称长度 l=30mm、材料为钢、不经淬火、不经表面处理的圆柱销，标记为销 GB/T 119.1—2000 6m8×30

公称直径 d=10mm、公称长度 l=60mm、材料为 35 钢、热处理硬度 28～38HRC、表面氧化处理的 A 型圆锥销标记为销 GB/T 117—2000 A10×60

	d	2	2.5	3	4	5	6	8	10	12	16	20	25	30
圆柱销	c≈	0.35	0.4	0.50	0.63	0.80	1.2	1.6	2.0	2.5	3.0	3.5	4.0	5.0
	商品规格 l	6～20	6～24	8～30	8～40	10～50	12～60	14～80	18～95	22～140	26～180	35～200	50～200	60～200
圆锥销	a≈	0.25	0.30	0.40	0.5	0.63	0.80	1.0	1.2	1.6	2.0	2.5	3.0	4.0
	商品规格 l	10～35	10～35	12～45	14～55	18～60	22～90	22～120	26～160	32～180	40～200	45～200	50～200	55～200
l公称		6, 8, 10, 12, 14, 16, 18, 20, 22, 24, 26, 28, 30, 32, 35～100（5 进位）, 120, 140, 160, 180, 200												

注：圆柱销（淬硬钢和马氏体不锈钢）详见 GB/T 119.2—2000，其公称直径 d 的尺寸范围为 1～20 mm。

附表 B7　吊环螺钉（摘自 GB 825—1988）

（单位：mm）

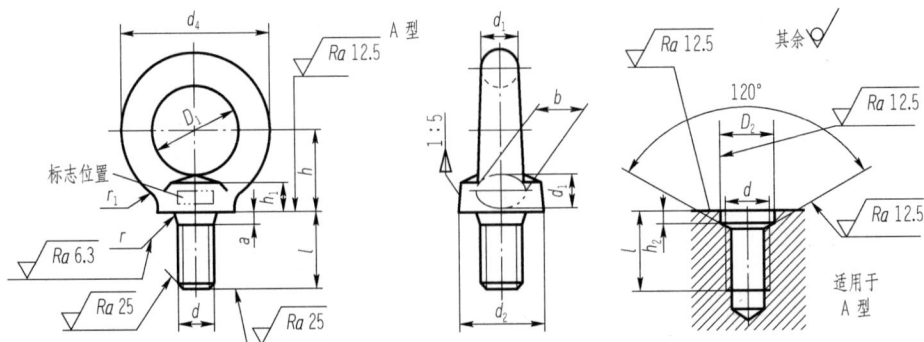

标记示例：规格为 20mm、材料为 20 钢、经正火处理、不经表面处理的 A 型吊环螺钉的标记为

螺钉　GB 825—1988 M20

螺纹规格（d）		M8	M10	M12	M16	M20	M24	M30	M36	M42	M48
d_1	max	9.1	11.1	13.1	15.2	17.4	21.4	25.7	30	34.4	40.7
D_1	公称	20	24	28	34	40	48	56	67	80	95
d_2	max	21.1	25.1	29.1	35.2	41.4	49.4	57.7	69	82.4	97.7
h_1	max	7	9	11	13	15.1	19.1	23.2	27.4	31.7	36.9
l	公称	16	20	22	28	35	40	45	55	65	70
d_4	参考	36	44	52	62	72	88	104	123	144	171
h		18	22	26	31	36	44	53	63	74	87
r_1		4	4	6	6	8	12	15	18	20	22
r	min	1	1	1	1	1	2	2	3	3	3
a_1	max	3.75	4.5	5.25	6	7.5	9	10.5	12.	13.5	15
d_3	公称（max）	6	7.7	9.4	13	16.4	19.6	25	30.8	35.6	41
a	max	2.5	3	3.5	4	5	6	7	8	9	10
b		10	12	14	16	19	24	28	32	38	46
D_2	公称（min）	13	15	17	22	28	32	38	45	52	60
h_2	公称（min）	2.5	3	3.5	4.5	5	7	8	9.5	10.5	11.5
最大起吊质量/t	单螺钉	0.16	0.25	0.4	0.63	1	1.6	2.5	4	6.3	8
	双螺钉（参见上图）	0.08	0.125	0.2	0.32	0.5	0.8	1.25	2	3.2	4

减速器类型	一级圆柱齿轮减速器					二级圆柱齿轮减速器				
中心距 a	100	125	160	200	250	315	100×140	140×200	180×250	200×280	250×355
重量 W/kN	0.26	0.52	1.05	2.1	4	8	1	2.6	4.8	6.8	12.5

附表 B8　外六角螺塞（摘自 JB/ZQ 4450—2006）、管螺纹外六角螺塞（摘自 JB/ZQ 4451—2006）

（单位：mm）

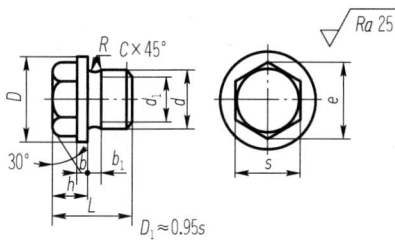

外六角螺塞标记示例：

d 为 M20 × 1.5 的外六角螺塞标记为

螺塞 M20×1.5 JB/ZQ 4450—2006

管螺纹外六角螺塞标记示例：

d 为 G1/2A 的外六角螺塞标记为

螺塞 G1/2A JB/ZQ 4451—2006

外六角螺塞

d	d_1	D	e	s 基本尺寸	s 极限偏差	L	h	b	b_1	C	可用减速器的中心距 a, a_Σ
M14×1.5	11.8	23	20.8	18		25	12	3		1.0	单级 a=100
M18×1.5	15.8	28	24.2	21		27			3		
M20×1.5	17.8	30	24.2	21	0 −0.28	30	15				单级 a≤300 两级 a_Σ≤425 三级 a_Σ≤450
M22×1.5	19.8	32	27.7	24							
M24×2	21	34	31.2	27		32	16	4			
M27×2	24	38	34.6	30		35	17			1.5	
M30×2	27	42	39.3	34		38	18		4		单级 a≤450 两级 a_Σ≤750 三级 a_Σ≤950
M33×2	30	45	41.6	36	0 −0.34	42	20	5			
M42×2	39	56	53.1	46		50	25				

管螺纹外六角螺塞

d	d_1	D	e	s 基本尺寸	s 极限偏差	L	h	b	b_1	C	可用减速器的中心距 a, a_Σ
G1/2A	18	30	24.2	21	0 −0.28	28	13		3	2	单级 a=100
G3/4A	23	38	31.1	27		33	15	4			单级 a≤300 两级 a_Σ≤425 三级 a_Σ≤450
G1A	29	45	39.3	34		37	17				
G1 $\frac{1}{4}$ A	38	55	47.3	41	0 −0.34	48	23				单级 a≤450 两级 a_Σ≤750 三级 a_Σ≤950
G1 $\frac{1}{2}$ A	44	62	53.1	46		50	25	5	4		
G1 $\frac{3}{4}$ A	50	68	57.5	50		57	27			2.5	单级 a≤700 两级 a_Σ≤1300 三级 a_Σ≤1650
G2A	56	75	63.5	55	0 −0.40	60	30	6			

附表 B9　螺栓与螺钉通孔及沉孔尺寸

（单位：mm）

螺纹规格 d	螺栓和螺钉通孔直径 d_h（摘自 GB/T 5277—1985）精装配	中等装配	粗装配	沉头螺钉及半沉头螺钉的沉孔（摘自 GB/T 152.2—2014）d_2	t≈	d_1	α	内六角圆柱头螺钉的圆柱头沉孔（摘自 GB 152.3—1988）d_2	t	d_3	d_1	六角头螺栓和六角螺母的沉孔（摘自 GB/T 152.4—1988）d_2	d_3	d_1	t
M3	3.2	3.4	3.6	6.3	1.55	3.4	90°±1°	6.0	3.4	—	3.4	9	—	3.4	
M4	4.3	4.5	4.8	9.4	2.55	4.5		8.0	4.6	—	4.5	10	—	4.5	

续表

d	精装配	中等装配	粗装配	d_2	$t\approx$	d_1	α	d_2	t	d_3	d_1	d_2	d_3	d_1	t
M5	5.3	5.5	5.8	10.4	2.58	5.5		10.0	5.7		5.5	11		5.5	
M6	6.4	6.6	7	12.6	3.13	6.6		11.0	6.8	—	6.6	13	—	6.6	
M8	8.4	9	10	17.3	4.28	9		15.0	9.0		9.0	18		9.0	
M10	10.5	11	12	20.0	4.65	11		18.0	11.0		11.0	22		11.0	
M12	13	13.5	14.5					20.0	13.0	16	13.5	26	16	13.5	
M14	15	15.5	16.5					24.0	15.0	18	15.5	30	18	15.5	
M16	17	17.5	18.5				90°±1°	26.0	17.5	20	17.5	33	20	17.5	只要能制出与通孔轴线垂直的圆平面即可
M18	19	20	21					—	—	—	—	36	22	20.0	
M20	21	22	24	—	—	—		33.0	21.5	24	22.0	40	24	22.0	
M22	23	24	26					—	—	—	—	43	26	24	
M24	25	26	28					40.0	25.5	28	26.0	48	28	26	
M27	28	30	32					—	—	—	—	53	33	30	
M30	31	33	35					48.0	32.0	36	33.0	61	36	33	
M36	37	39	42					57.0	38.0	42	39.0	71	42	39	

附表 B10　粗牙螺栓、螺钉的拧入深度和螺纹孔的尺寸（参考）

（单位：mm）

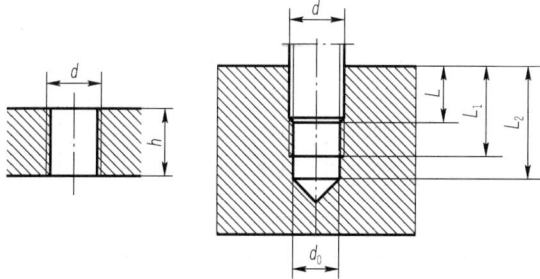

h——内螺纹通孔长度；
d_0——螺纹攻螺纹前的钻孔直径；
L——双头螺柱或螺钉拧入深度；
L_1——螺纹攻螺纹深度；
L_2——钻孔深度

d	d_0	用于钢或青铜				用于铸铁				用于铝			
		h	L	L_1	L_2	h	L	L_1	L_2	h	L	L_1	L_2
6	5	8	6	10	12	12	10	14	16	15	12	24	29
8	6.8	10	8	12	16	15	12	16	20	20	16	26	30
10	8.5	12	10	16	20	18	15	20	24	24	20	34	38
12	10.2	15	12	18	22	22	18	24	28	28	24	38	42
16	14	20	16	24	28	28	24	30	34	36	32	50	54
20	17.5	25	20	30	35	35	30	38	44	45	40	62	68
24	21	30	24	36	42	42	35	48	54	55	48	78	84
30	26.5	36	30	44	52	50	45	56	62	70	60	94	102
36	32	45	36	52	60	65	55	66	74	80	72	106	114

附录C 电 动 机

附表C1 Y系列（IP44）三相异步电动机技术数据（摘自 JB/T 10391—2008）

电动机型号	额定功率/kW	满载时				堵转转矩/额定转矩	质量（B3）/kg
		转速/(r·min⁻¹)	电压/V	电流/A	功率因数		
同步转速 1 500 r/min， 4 级							
Y90L-4	1.5	1 400		3.7	0.79	2.3	27
Y100L1-4	2.2	1 430		5.0	0.82	2.2	34
Y100L2-4	3.0	1 430		6.8	0.81	2.2	38
Y112M-4	4.0	1 440	380	8.8	0.82	2.2	43
Y132S-4	5.5	1 440		11.6	0.84	2.2	68
Y132M-4	7.5	1 440		15.4	0.85	2.2	81
Y160M-4	11	1 460		22.6	0.84	2.2	123
Y160L-4	15	1 460		30.3	0.85	2.2	144
同步转速 1 000r/min，6 级							
Y100L-6	1.5	940		4.0	0.74	2.0	33
Y112M-6	2.2	940		5.6	0.74	2.0	45
Y132S-6	3.0	960		7.2	0.76	2.0	63
Y132M1-6	4.0	960	380	9.4	0.77	2.0	73
Y132M2-6	5.5	960		12.6	0.78	2.0	84
Y160M-6	7.5	970		17.0	0.78	2.0	119
Y160L-6	11	970		24.6	0.78	2.0	147
Y180L-6	15	970		24.8	0.81	2.0	95
同步转速 750r/min，8 级							
Y132S-8	2.2	710		5.8	0.71	2.0	63
Y132M-8	3.0	710		7.7	0.72	2.0	79
Y160M1-8	4.0	720	380	9.9	0.73	2.0	118
Y160M2-8	5.5	720		13.3	0.74	2.0	119
Y160L-8	7.5	720		17.7	0.75	2.0	145
Y180L-8	11	730		24.8	0.77	1.7	184

注：1. 电动机型号含义为以 Y132M1-6 为例，Y 表示系列代号，132 表示机座中心高132mm，M 表示中机座（S—短机座，L—长机座），1 表示铁心长度代号为1（数字1、2分别代表不同的铁心长度及不同的功率），6 为电动机的级数。

2. 额定电流、转速和质量不是标准 JB/T 10391—2008 规定的数据，仅供参考，各厂家稍有不同。

附表 C2　机座带底脚、端盖无凸缘（B3）的电动机外形及安装尺寸（摘自 JB/T 10392—2013）

（单位：mm）

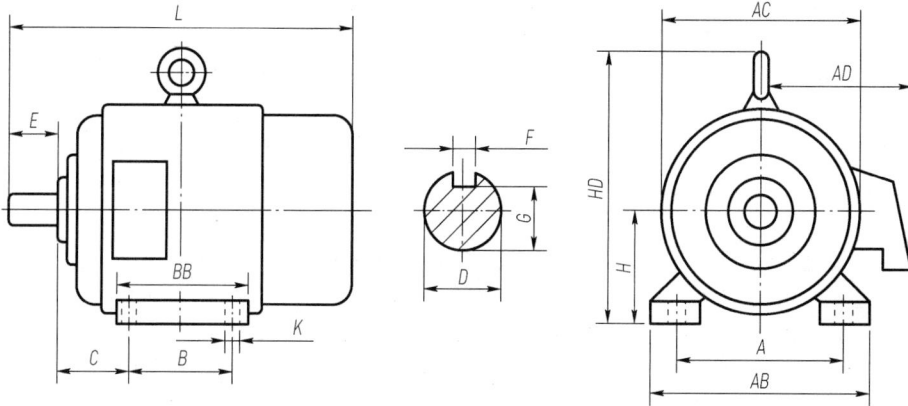

机座号	极数	A	B	C	D	E	F	G	H	K	L	AB	AC	AD	HD
90L	2，4、6	140	125	50	24	50		20	90	10	315	180	195	160	195
100L		160	140	63	28	60	8	24	110	12	380	205	215	180	245
112M		190	140	70					112		400	245	240	190	265
132S	2，4、6，8	216	140	89	38	80	10	33	132	12	475	280	275	210	315
132M			178								515				
160M		254	210	108	42	110	12	37	160	14.5	600	330	335	255	385
160L			254								645				
180L		279	279	121	48		14	42.5	180		710	355	380	285	430

附录D　联　轴　器

附表 D1　联轴器轴孔和连接型式与尺寸（摘自 GB/T 3852—2008）

（单位：mm）

	长圆柱形轴孔 （Y 型）	有沉孔的短圆柱形轴孔 （J 型）	无沉孔的短圆柱形轴孔 孔（J₁ 型）	有沉孔的圆锥形轴孔 （Z 型）	无沉孔的圆锥形轴孔 （Z₁ 型）
轴孔					

续表

	平键单键槽（A型）	120°布置平键双键槽（B型）	180°布置平键双键槽（B₁型）	圆锥形轴孔平键单键槽（C型）
键槽	*(图)*	*(图)*	*(图)*	*(图)*

轴孔直径 d、d_2	长度 L Y型	长度 L J、J₁、Z、Z₁型	L_1	沉孔 d_1	沉孔 R	A型、B型、B₁型键槽 b(P9) 公称尺寸	A型、B型、B₁型键槽 b(P9) 极限偏差	t 公称尺寸	t 极限偏差	t_1 公称尺寸	t_1 极限偏差	C型键槽 b(P9) 公称尺寸	C型键槽 b(P9) 极限偏差	t_2 公称尺寸	t_2 极限偏差
16						5		18.3		20.6		3		8.7	
18	42	30	42			6	−0.012 −0.042	20.8	+0.1 0	23.6	+0.2 0	4		10.1	
19				38				21.8		24.6				10.6	
20								22.8		25.6				10.9	
22	52	38	52		1.5			24.8		27.6				11.9	
24						8		27.3		30.6		5	−0.012 −0.042	13.4	±0.1
25	62	44	62	48			−0.015 −0.051	28.3		31.6				13.7	
28								31.3		34.6				15.2	
30						10		33.3		36.6		6		15.8	
32	82	60	82	55	2			35.3		38.6				17.3	
35								38.3		41.6				18.3	
38								41.3		44.6				20.3	
40				65		12		43.3		46.6		10	−0.015 −0.051	21.2	
42								45.3		48.6				22.2	
45						14		48.8	+0.2 0	52.6	+0.4 0	12		23.7	
48	112	84	112	80			−0.018 −0.061	51.8		55.6				25.2	
50								53.8		57.6				26.2	
55				95	2.5	16		59.3		63.6		14		29.2	±0.2
56								60.3		64.6			−0.018 −0.061	29.7	
60						18		64.4		68.8		16		31.7	
63				105				67.4		71.8				32.2	
65	142	107	142					69.4		73.8				34.2	
70						20	−0.022 −0.074	74.9		79.8		18		36.8	
71				120				75.9		80.8				37.3	
75								79.9		84.8				39.3	

注：1. Y型轴孔限用于长圆柱形轴伸电动机端。

2. 键槽宽度 b 的极限偏差也可采用 Js9 或 D10。

附表 D2　尼龙联轴器（摘自 JB/ZQ 4384—2006）

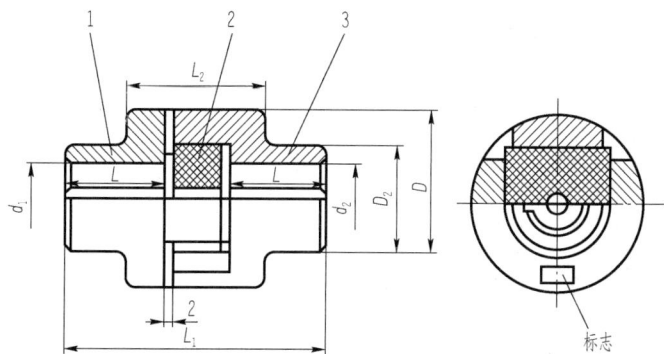

标记示例：WH2 型尼龙联轴器，主动端：Y 型轴孔，C 型键槽，轴孔直径 d_1=16 mm，轴孔长度 L=32mm；

从动端：Z_1 型轴孔，B 型键槽，轴孔直径 d_2=18 mm，轴孔长度 L=32 mm。

记为

WH2 联轴器 $\dfrac{\text{YC}16\times32}{\text{J}_1\text{B}18\times32}$ JB/ZQ 4384—2006

1、3—半联轴器；2—尼龙滑块

型号	公称转矩 T_n / (N·m)	许用转速 $[n]$ / (r·min^{-1})	轴孔直径 d_1、d_2/mm	轴孔长度 L/mm Y 型	轴孔长度 L/mm J$_1$ 型	D /mm	D_1 /mm	L_2 /mm	L_1 /mm	质量 /kg	转动惯量/ (kg·m^2)
WH1	16	10 000	10，11	25	22	40	30	52	67	0.6	0.000 7
			12，14	32	27				81		
WH2	31.5	8 200	12，14			50	32	56	86	1.5	0.003 8
			16，(17)，18	42	30				106		
WH3	73	7 000	(17)，18，19			70	40	60		1.8	0.006 3
			20，22	52	38				126		
WH4	160	5 700	20，22，24			80	50	64		2.5	0.013
			25，28	62	44				146		
WH5	280	4 700	25，28			100	70	75	151	5.8	0.045
			30，32，35	82	60				191		
WH6	500	3 800	30，32，35，38			120	80	90	201	9.5	0.12
			40，42，45						161		
WH7	900	3 200	40，42，45，48	112	84	150	100	120	266	25	0.43
			50，55								
WH8	1 800	2 400	50，55			190	120	150	276	55	1.98
			60，63，65，70	142	107				336		
WH9	3 550	1 800	65，70，75			250	150	180	346	85	4.9
			80，85	172	132				406		
WH10	5 000	1 500	80，85，90，95			330	190	180		120	7.5
			100	212	167				486		

注：1. 装配时两轴的许用补偿量：轴向 Δx=1～2 mm，径向 Δy≤0.2 mm，角向 $\Delta \alpha$≤40′。

2. 本联轴器效率较低，尼龙受力不大，适用于中小功率、转速较高、转矩较小的轴系传动，工作温度为-20～+70℃。

附表 D3　GICL 型鼓形齿式联轴器（摘自 JB/T 8854.3—2001）

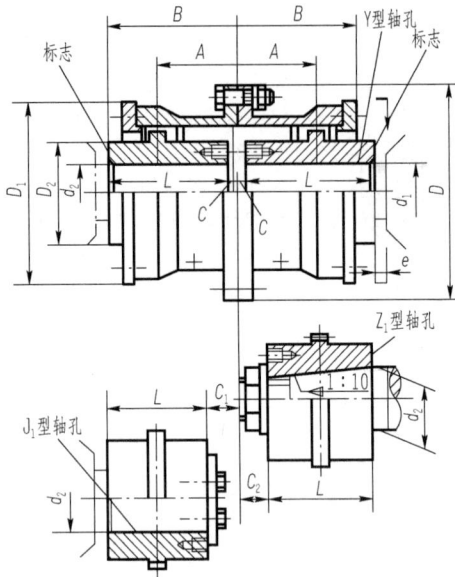

标记示例：

GICL4 型鼓形齿式联轴器，主动端：Y 型轴孔，A 型键槽，d_1=50 mm，L=112 mm；从动端：J_1 型轴孔，B 型键槽，d_2=45 mm，L=84 mm。

记为

GICL4 联轴器 $\dfrac{YA50\times112}{J_1B45\times84}$ GB/T 8854.3—2001

型号	公称转矩 T_n/(N·m)	许用转速 [n] /(r·min^{-1})	轴孔直径 d_1、d_2、d_z	轴孔长度 L Y 型	轴孔长度 L J_1、Z_1 型	D	D_1	D_2	B	A	C	C_1	C_2	e	转动惯量 I /(kg·m²)	质量 m/kg
										/mm						
GICL1	800	7 100	16, 18, 19	42	—	125	95	60	115	75	20	—	—	30	0.009	5.9
			20, 22, 24	52	38						10	—	24			
			25, 28	62	44							—	19			
			30,32,35, 38	82	60						2.5	15	22			
GICL2	1 400	6 300	25, 28	62	44	144	120	75	135	88	10.5	—	29	30	0.02	9.7
			30,32,35, 38	82	60						2.5	12.5	30			
			40,42,45, 48	112	84							13.5	28			
GICL3	2 800	5 900	30,32,35, 38	82	60	174	140	95	155	106		24.5	25	30	0.047	17.2
			40,42,45, 48,50,55, 56	112	84						3	17	28			
			60	142	107								35			
GICL4	5 000	5 400	32, 35, 38	82	60	196	165	115	178	125	14	37	32	30	0.091	24.9
			40,42,45, 48,50,55, 56	112	84						3	17	28			
			60,63,65, 70	142	107								35			

续表

型号	公称转矩 T_n/(N·m)	许用转速 [n]/(r·min⁻¹)	轴孔直径 d_1、d_2、d_z	轴孔长度 L Y型	轴孔长度 L J₁、Z₁型	D	D₁	D₂	B	A	C	C₁	C₂	e	转动惯量 I/(kg·m²)	质量 m/kg
									/mm							
GICL5	8 000	5 000	40,42,45,48,50,55,56	112	84	224	183	130	198	142	3	25	35	30	0.167	38
			60,63,65,70,71,75	142	107							20	35			
			80	172	132							22	43			
GICL6	11 200	4 800	48,50,55,56	112	84	241	200	145	218	160	6	35	35	30	0.267	48.2
			60,63,65,70,71,75	142	107						4	20	35			
			80,85,90	172	132							22	43			
GICL7	15 000	4 500	60,63,65,70,71,75	142	107	260	230	160	224	180		35	35	30	0.453	68.9
			80,85,90,95	172	132						4	22	43			
			100	212	167								48			
GICL8	21 200	4 000	65,70,71,75	142	107	282	245	175	264	193		35	35	30	0.646	83.3
			80,85,90,95	172	132						5	22	43			
			100,110	212	167								48			

注：1. J₁型轴孔根据需要也可以不使用轴端挡圈。

　　2. 本联轴器具有良好的补偿两轴综合位移的能力，外形尺寸小，承载能力高，能在高速下可靠地工作，适用于重型机械及长轴的连接，但不宜用于立轴的连接。

附表 D4　LT 型弹性套柱销联轴器（摘自 GB/T 4323—2017）

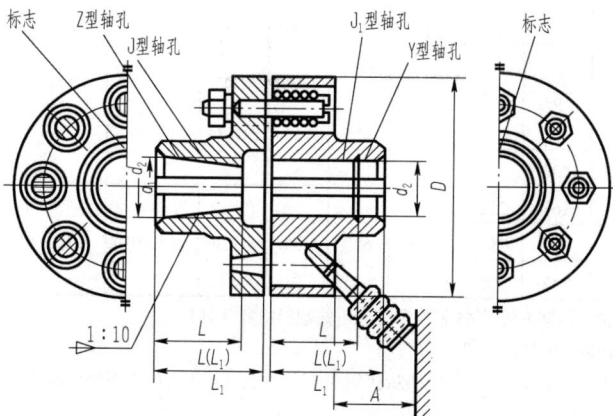

标记示例：

LT3 型弹性套柱销联轴器，主动端为 Z 型轴孔、C 型键槽，d_z=16 mm，L=30mm；从动端为 J 型轴孔，B 型键槽，d_2=18mm，L=42 mm。

记为 LT3 联轴器 $\dfrac{ZC16\times30}{JB18\times42}$ GB/T

4323—2017

续表

型号	公称转矩 T_n /(N·m)	许用转速 $[n]$ /(r·min⁻¹)	轴孔直径 d_1、d_2、d_z	轴孔长度 Y型 L	J、J₁、Z型 L_1	J、J₁、Z型 L	$L_{推荐}$	D	A	质量 /kg	转动惯量 I/(kg·m²)	许用安装补偿 Δy /mm	$\Delta \alpha$
LT1	6.3	8 800	9	20	14	—	25	71	18	0.82	0.000 5		
			10，11	25	17								90′
			12，14	32	20								
LT2	16	7 600	12，14	32	20		35	80		1.20	0.000 8	0.2	
			16，18，19	42	30	42							
LT3	31.5	6 300	16，18，19	42	30	42	38	95	35	2.20	0.002 3		
			20，22	52	38	52							
LT4	63	5 700	20，22，24	52	38	52	40	106		2.84	0.003 7		
			25，28	62	44	62							
LT5	125	4 600	25，28	62	44	62	50	130		6.05	0.012		
			30，32，35	82	60	82						0.3	
LT6	250	3 800	32，35，38	82	60	82	55	160	45	9.57	0.028		
			40，42										
LT7	500	3 600	40，42，45，48	112	84	112	65	190		14.01	0.055 6		
LT8	710	3 000	45，48，50，55，56	112	84	112	70	224		23.12	0.134		60′
			60，63	142	107	142			65				
LT9	1 000	2 850	50，55，56	112	84	112	80	250		30.69	0.213	0.4	
			60，63，65，70，71	142	107	142							
LT10	2 000	2 300	63，65，70，71，75	142	107	142	100	315	80	61.4	0.660		
			80，85，90，95	172	132	132							
LT11	4 000	1 800	80，85，90，95	172	132	132	115	400	100	120.7	2.122		
			100，110									0.5	
LT12	8 000	1 450	100，110，120，125	212	167	212	135	475	130	210.34	5.390		30′
			130	252	202	252							
LT13	16 000	1 150	120，125	212	167	212	160	600	180	419.36	17.580	0.6	
			130，140，150	252	202	252							
			160，170	302	242	302							

注：1. 半联轴器材料，铸钢不低于 ZG 270～500，锻钢不低于 45 钢；弹性套用热塑料橡胶（TPE）。

2. 质量、转动惯量按材料为铸钢、无孔、$L_{推荐}$ 计算近似值。

3. 本联轴器具有一定补偿两轴线相对偏移和减振缓冲能力，适用于安装底座刚性好，冲击载荷不大的中小功率轴系传动，可用于经常正反转、起动频繁的场合，工作温度为-20～+70℃。

附表 D5　梅花形弹性联轴器　（摘自 GB/T 5272—2017）

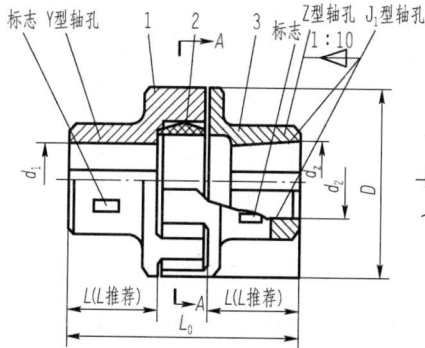

标记示例：

LM3 型梅花形弹性联轴器，主动端为 Z 型轴孔、A 型键槽，$d_z=30$ mm，$L_{推荐}=40$ mm；

从动端为 Y 型轴孔，B 型键槽，$d_2=25$ mm，$L_{推荐}=40$ mm；MT3 型弹性件材料和硬度为 a。

记为

LM3 型联轴器 $\dfrac{ZA30\times40}{YB25\times40}$ MT3—a GB/T 5272—2017

1、3—半联轴器　2—梅花形弹性体

型号	公称转矩 T_n / （N·m） 弹性件硬度		许用转速 $[n]$/ （r·min^{-1}）	轴孔直径 d_1、d_2、d_z /mm	轴孔长度 L /mm			L_0 /mm	D /mm	弹性件 型号	质量 m /kg	转动 惯量 I/ (kg·m^2)	许用补偿量		
	a(HA)	b(HD)			Y 型	Z、J 型	$L_{推荐}$						Δy /mm	Δx /mm	$\Delta\alpha$
	80±5	60±5													
LM1	25	45	15 300	12，14	32	27	35	86	50	MT1$_{-b}^{-a}$	0.66	0.000 2	0.5	1.2	
				16，18，19	42	30									
				20，22，24	52	38									
				25	62	44									
LM2	50	100	12 000	16，18，19	42	30	38	95	60	MT2$_{-b}^{-a}$	0.93	0.000 4	0.6	1.3	
				20，22，24	52	38									
				25，28	62	44									
				30	82	60									
LM3	100	200	10 900	20，22，24	52	38	40	103	70	MT3$_{-b}^{-a}$	1.41	0.000 9	0.8	1.5	
				25，28	62	44									2°
				30，32	82	60									
LM4	140	280	9 000	22，24	52	38	45	114	85	MT4$_{-b}^{-a}$	2.18	0.002 0	0.8	2.0	
				25，28	62	44									
				30，32，35，38	82	60									
				40	112	84									
LM5	350	400	7300	25，28	62	44	50	127	105	MT5$_{-b}^{-a}$	3.60	0.005 0	0.8	2.5	
				30，32，35，38	82	60									
				40，42，45	112	84									
LM6	400	710	6100	30，32，35，38	82	60	55	143	125	MT6$_{-b}^{-a}$	6.07	0.011 4	1.0	3.0	1.5°
				40，42，45，48	112	84									

型号	公称转矩 T_n /（N·m） 弹性件硬度		许用转速 $[n]$/ (r·min⁻¹)	轴孔直径 d_1、d_2、d_z /mm	轴孔长度 L /mm			L_0 /mm	D /mm	弹性件型号	质量 m /kg	转动惯量 I/ (kg·m²)	许用补偿量		
	a(HA) 80±5	b(HD) 60±5			Y 型	Z, J 型	$L_{推荐}$						Δy /mm	Δx /mm	$\Delta\alpha$
LM7	630	1 120	5 300	35*、38*	82	60	60	159	145	MT7$_{-b}^{-a}$	9.09	0.023 2	1.0	3.0	
				40*、45*、45、48、50、55	112	84									
LM8	1 120	2 240	4 500	45*、48*、50、55、56	112	84	70	181	170	MT8$_{-b}^{-a}$	13.56	0.046 8	1.0	3.5	1.5°
				60、63、65*	142	107									
LM9	1 800	3 550	3 800	50*、55*、56*	112	84	80	208	200	MT9$_{-b}^{-a}$	21.40	0.104 1	1.5	4.0	
				60、63、65 70、71、75	142	107									
				80	172	132									

注：1. 带"*"者轴孔直径可用于 Z 型轴孔。

2. 本联轴器补偿两轴的位移量较大，有一定弹性和缓冲性，常用于中小功率、中高速、起动频繁、有正反转变化和要求工作可靠的部位。由于安装时需轴向移动两半联轴器，故不宜用于大型、重型设备上，工作温度为-35～+80℃。

3. 表中 a、b 为弹性件两种不同材质和硬度的代号，a 的材料为聚氨酯，b 为铸型尼龙。

附录E 滚动轴承

附表E1 深沟球轴承 （摘自 GB/T 276—2013）

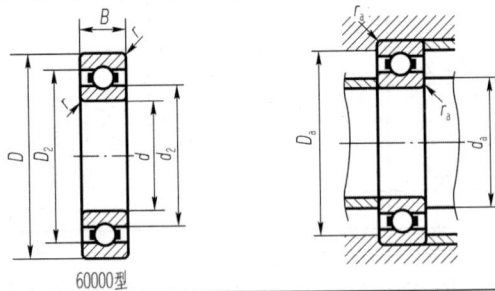

60000型

基本尺寸/mm			基本额定载荷/kN		极限转速/（r·min⁻¹）		轴承代号 60000 型	安装尺寸/mm		
d	D	B	C_r	C_{0r}	脂润滑	油润滑		$d_{a\,min}$	$D_{a\,max}$	$r_{a\,max}$
20	32	7	3.45	2.25	17 000	22 000	61804	22.4	29.6	0.3
	37	9	6.55	3.60	17 000	22 000	61904	22.4	34.6	0.3
	42	8	7.90	4.45	15 000	19 000	16004	22.4	39.6	0.3
	42	12	9.38	5.02	15 000	19 000	6004	25.0	37.0	0.6
	47	14	12.8	6.65	14 000	18 000	6204	26.0	41.0	1
	52	15	15.8	7.88	13 000	17 000	6304	27.0	45.0	1.1
	72	19	31.0	15.2	9 500	13 000	6404	27.0	65.0	1.1

基本尺寸/mm			基本额定载荷/kN		极限转速/（r·min⁻¹）		轴承代号	安装尺寸/mm		
d	D	B	C_r	C_{0r}	脂润滑	油润滑	60000 型	$d_{a\,min}$	$D_{a\,max}$	$r_{a\,max}$
25	37	7	3.70	2.65	15 000	19 000	61805	27.4	34.6	0.3
	42	9	7.36	4.55	14 000	18 000	61905	27.4	39.6	0.3
	47	8	8.42	5.15	13 000	17 000	16005	27.4	44.6	0.3
	47	12	10.0	5.85	13 000	17 000	6005	30	42	0.6
	52	15	14.0	7.88	12 000	16 000	6205	31	46	1
	62	17	22.2	11.5	10 000	14 000	6305	32	55	1.1
	80	21	38.2	19.2	8 500	11 000	6405	34	71	1.5
30	42	7	4.00	3.15	12 000	16 000	61806	32.4	39.6	0.3
	47	9	7.55	5.08	12 000	16 000	61906	32.4	44.6	0.3
	55	9	11.2	6.25	10 000	14 000	16006	32.4	52.6	0.3
	55	13	13.2	8.30	10 000	14 000	6006	36	49	1
	62	16	19.5	11.5	9 500	13 000	6206	36	56	1
	72	19	27.0	15.2	9 000	12 000	6306	37	65	1.1
	90	23	47.5	24.5	8 000	10 000	6406	39	81	1.5
35	47	7	4.12	3.45	10 000	14 000	61807	37.4	44.6	0.3
	55	10	9.55	6.85	9 500	13 000	61907	40	50	0.6
	62	9	11.5	8.80	9 000	12 000	16007	37.4	59.6	0.3
	62	14	16.2	10.5	9 000	12 000	6007	41	56	1
	72	17	25.5	15.2	8 500	11 000	6207	42	65	1.1
	80	21	33.2	19.2	8 000	10 000	6307	44	71	1.5
	100	25	56.8	29.5	6 700	8 500	6407	44	91	1.5
40	52	7	4.40	3.25	9 500	13 000	61808	42.4	49.6	0.3
	62	12	12.0	8.98	9 000	12 000	61908	45	57	0.6
	68	9	12.5	10.2	8 500	11 000	16008	42.4	65.6	0.3
	68	15	17.0	11.8	8 500	11 000	6008	46	62	1
	80	18	29.5	18.0	8 000	10 000	6208	47	73	1.1
	90	23	40.8	24.0	7 000	9 000	6308	49	81	1.5
	110	27	65.5	37.5	6 300	8 000	6408	50	100	2
45	58	7	4.65	4.32	8 500	11 000	61809	47.4	55.6	0.3
	68	12	12.8	9.72	8 500	11 000	61909	50	63	0.6
	75	10	21.0	10.2	8 000	10 000	16009	50	70	0.6
	75	16	21.0	14.8	8 000	10 000	6009	51	69	1
	85	19	31.5	20.5	7 000	9 000	6209	52	78	1.1
	100	25	52.8	31.8	6 300	8 000	6309	54	91	1.5
	120	29	77.5	45.5	5 600	7 000	6409	55	110	2
50	65	7	5.10	4.68	8 000	10 000	61810	52.4	62.6	0.3
	72	12	12.8	11.2	8 000	10 000	61910	55	67	0.6
	80	10	16.2	13.2	7 000	9 000	16010	55	75	0.6
	80	16	22.0	16.2	7 000	9 000	6010	56	74	1
	90	20	35.0	23.2	6 700	8 500	6210	57	83	1.1
	110	27	61.8	38.0	6 000	7 500	6310	60	100	2
	130	31	92.2	55.2	5 300	6 700	6410	62	118	2.1

基本尺寸/mm			基本额定载荷/kN		极限转速/（r·min⁻¹）		轴承代号	安装尺寸/mm		
d	D	B	C_r	C_{0r}	脂润滑	油润滑	60000 型	$d_{a\,min}$	$D_{a\,max}$	$r_{a\,max}$
55	72	9	6.72	6.50	7 500	9 500	61811	57.4	69.6	0.3
	80	13	13.0	13.5	7 000	9 000	61911	61	74	1
	90	11	16.2	17.2	6 300	8 000	16011	60	85	0.6
	90	18	30.2	21.8	6 300	8 000	6011	62	83	1.1
	100	21	43.2	29.2	6 000	7 500	6211	64	91	1.5
	120	29	71.5	44.8	5 300	6 700	6311	65	110	2
	140	33	100	62.5	4 800	6 000	6411	67	128	2.1
60	78	10	9.15	8.75	6 700	8 500	61812	62.4	75.6	0.3
	85	13	14.0	14.2	6 300	8 000	61912	66	79	1
	95	11	16.5	15.0	6 000	7 500	16012	65	90	0.6
	95	18	31.5	24.2	6 000	7 500	6012	67	88	1
	110	22	47.8	32.8	5 600	7 000	6212	69	101	1.5
	130	31	81.8	51.8	5 000	6 300	6312	72	118	2.1
	150	35	108	70.0	4 500	5 600	6412	72	138	2.1
65	85	10	10.0	9.32	6 300	8 000	61813	70	80	0.6
	90	13	14.5	17.5	6 000	7 500	61913	71	84	1
	100	11	17.5	16.0	5 600	7 000	16013	70	95	0.6
	100	18	32.0	24.8	5 600	7 000	6013	72	93	1.1
	120	23	57.2	40.0	5 000	6 300	6213	74	111	1.5
	140	33	93.8	60.5	4 500	5 600	6313	77	128	2.1
	160	37	118	78.5	4 300	5 300	6413	77	148	2.1
70	90	10	10.5	10.8	6 000	7 500	61814	75	85	0.6
	100	16	16.5	17.2	5 600	7 000	61914	76	94	1
	110	13	20.2	18.8	5 300	6 700	16014	75	105	0.6
	110	20	38.5	30.5	5 300	6 700	6014	77	103	1.1
	125	24	60.8	45.0	4 800	6 000	6214	79	116	1.5
	150	35	105	68.0	4 300	5 300	6314	82	138	2.1
	180	42	140	99.5	3 800	4 800	6414	84	166	3
75	95	10	10.5	11.0	5 600	7 000	61815	80	90	0.6
	105	16	18.0	17.2	5 300	6 700	61915	81	99	1
	115	13	25.0	23.8	5 000	6 300	16015	80	110	0.6
	115	20	40.2	33.2	5 000	6 300	6015	82	108	1.1
	130	25	66.0	49.5	4 500	5 600	6215	84	121	1.5
	160	37	112	76.8	4 000	5 000	6315	87	148	2.1
	190	45	155	115	3 600	4 500	6415	89	176	3
80	100	10	11.0	11.8	5 300	6 700	61816	85	95	0.6
	110	16	18.8	25.2	5 000	6 300	61916	86	104	1
	125	14	25.2	25.2	4 800	6 000	16016	85	120	0.6
	125	22	47.5	39.8	4 800	6 000	6016	87	118	1.1
	140	26	71.5	54.2	4 300	5 300	6216	90	130	2
	170	39	122	86.5	3 800	4 800	6316	92	158	2.1
	200	48	162	125	3 400	4 300	6416	94	186	3

基本尺寸/mm			基本额定载荷/kN		极限转速/(r·min⁻¹)		轴承代号	安装尺寸/mm		
d	D	B	C_r	C_{0r}	脂润滑	油润滑	60000 型	$d_{a\,min}$	$D_{a\,max}$	$r_{a\,max}$
85	110	13	21.8	21.5	4 800	6 000	61817	91	104	1
	120	18	28.2	26.8	4 800	6 000	61917	92	113	1.1
	130	14	25.8	26.2	4 500	5 600	16017	90	125	0.6
	130	22	50.8	42.8	4 500	5 600	6017	92	123	1.1
	150	28	83.2	63.8	4 000	5 000	6217	95	140	2
	180	41	132	96.5	3 600	4 500	6317	99	166	3
	210	52	175	138	3 200	4 000	6417	103	192	4
90	115	13	21.0	19.0	4 500	5 600	61818	96	109	1
	125	18	32.8	31.5	4 500	5 600	61918	97	118	1.1
	140	16	33.5	33.5	4 300	5 300	16018	96	134	1
	140	24	58.0	49.8	4 300	5 300	6018	99	131	1.5
	160	30	95.8	71.5	3 800	4 800	6218	100	150	2
	190	43	145	108	3 400	4 300	6318	104	176	3
	225	54	192	158	2 800	3 600	6418	108	207	4
95	120	13	16.2	17.8	4 300	5 300	61819	101	114	1
	130	18	38.0	32.5	4 300	5 300	61919	102	123	1
	145	16	37.0	36.8	4 000	5 000	16019	101	139	1
	145	24	57.8	50.0	4 000	5 000	6019	104	136	1.5
	170	32	110	82.8	3 600	4 500	6219	107	158	2.1
	200	45	155	122	3 200	4 000	6319	109	186	3
100	125	13	17.0	20.8	4 000	5 000	61820	106	119	1
	140	20	41.2	34.8	4 000	5 000	61920	107	133	1.1
	150	16	38.2	38.5	3 800	4 800	16020	106	144	1
	150	24	64.5	56.2	3 800	4 800	6020	109	141	1.5
	180	34	122	92.8	3 400	4 300	6220	112	168	2.1
	215	47	172	140	2 800	3 600	6320	114	201	3
	250	58	222	195	2 400	3 200	6420	118	232	4

注：表中 C_r 适用于真空脱气轴承钢材料的轴承。如轴承材料为普通电炉钢，则 C_r 降低；如为真空重熔或电渣重熔轴承钢，C_r 提高。

附表 E2　角接触球轴承（摘自 GB/T 292—2007）

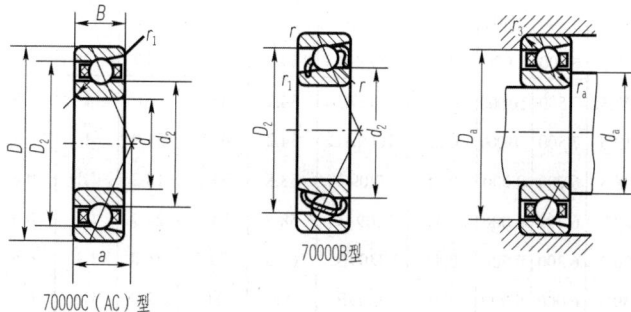

70000C（AC）型　　70000B型

基本尺寸 /mm			基本额定载荷 /kN		极限转速 /(r·min⁻¹)		质量 /kg	轴承代号	其他尺寸 /mm					安装尺寸 /mm		
d	D	B	C_r	C_{0r}	脂	油	$W\approx$	70000	$d_2\approx$	$D_2\approx$	a	r_{min}	r_{1min}	$d_{a\,min}$	$D_{a\,max}$	$r_{a\,max}$
20	42	12	10.5	6.08	14000	19000	0.064	7004C	26.9	35.1	10.2	0.6	0.15	25	37	0.6
	42	12	10.0	5.78	14000	19000	0.064	7004AC	26.9	35.1	13.2	0.6	0.15	25	37	0.6
	47	14	14.5	8.22	13000	18000	0.1	7204C	29.3	39.7	11.5	1	0.3	26	41	1
	47	14	14.0	7.82	13000	18000	0.1	7204AC	29.3	39.7	14.9	1	0.3	26	41	1
	47	14	14.0	7.85	13000	18000	0.11	7204B	30.5	37	21.1	1	0.3	26	41	1
25	47	12	11.5	7.45	12000	17000	0.074	7005C	31.9	40.1	10.8	0.6	0.15	30	42	0.6
	47	12	11.2	7.08	12000	17000	0.074	7005AC	31.9	40.1	14.4	0.6	0.15	30	42	0.6
	52	15	16.5	10.5	11000	16000	0.12	7205C	33.8	44.2	12.7	1	0.3	31	46	1
	52	15	15.8	9.88	11000	16000	0.12	7205AC	33.8	44.2	16.4	1	0.3	31	46	1
	52	15	15.8	9.45	9500	14000	0.13	7205B	35.4	42.1	23.7	1	0.3	31	46	1
	62	17	26.2	15.2	8500	12000	0.3	7305B	39.2	48.4	26.8	1.1	0.6	32	55	1
30	55	13	15.2	10.2	9500	14000	0.11	7006C	38.4	47.7	12.2	1	0.3	36	49	1
	55	13	14.5	9.85	9500	14000	0.11	7006AC	38.4	47.7	16.4	1	0.3	36	49	1
	62	16	23.0	15.0	9000	13000	0.19	7206C	40.8	52.2	14.2	1	0.3	36	56	1
	62	16	22.0	14.2	9000	13000	0.19	7206AC	40.8	52.2	18.7	1	0.3	36	56	1
	62	16	20.5	13.8	8500	12000	0.21	7206B	42.8	50.1	27.4	1	0.3	36	56	1
	72	19	31.0	19.2	7500	10000	0.37	7306B	46.5	56.2	31.1	1.11	0.6	37	65	1
35	62	14	19.5	14.2	8500	12000	0.15	7007C	43.3	53.7	13.5	1	0.3	41	56	1
	62	14	18.5	13.5	8500	12000	0.15	7007AC	43.3	53.7	18.3	1	0.3	41	56	1
	72	17	30.5	20.0	8000	11000	0.28	7207C	46.8	60.2	15.7	1.1	0.6	42	65	1
	72	17	29.0	19.2	8000	11000	0.28	7207AC	46.8	60.2	21	1.1	0.6	42	65	1
	72	17	27.0	18.8	7500	10000	0.3	7207B	49.5	58.1	30.9	1.1	0.6	42	65	1
	80	21	38.2	24.5	7000	9500	0.51	7307B	52.4	63.4	34.6	1.5	0.6	44	71	1.5
40	68	15	20.0	15.2	8000	11000	0.18	7008C	48.8	59.2	14.7	1	0.3	46	62	1
	68	15	19.0	14.5	8000	11000	0.18	7008AC	48.88	59.2	20.1	1	0.3	46	62	1
	80	18	36.8	25.8	7500	10000	0.37	7208C	52.8	67.2	17	1.1	0.6	47	73	1
	80	18	35.2	24.5	7500	10000	0.37	7208AC	52.8	67.2	23	1.1	0.6	47	73	1
	80	18	32.5	23.5	6700	9000	0.39	7208B	56.4	65.7	34.5	1.1	0.6	47	73	1
	90	23	46.2	30.5	6300	8500	0.67	7308B	59.3	71.5	38.8	1.5	0.6	49	81	1.5
	110	27	67.0	47.5	6000	8000	1.4	7408B	64.6	85.4	38.7	2	1	50	100	2
45	75	16	25.8	20.5	7500	10000	0.23	7009C	54.2	65.9	16	1	0.3	51	69	1
	75	16	25.8	19.5	7500	10000	0.23	7009AC	54.2	65.9	21.9	1	0.3	51	69	1
	85	19	38.5	28.5	6700	9000	0.41	7209C	58.8	73.2	18.2	1.1	0.6	52	78	1
	85	19	36.8	27.2	6700	9000	0.41	7209AC	58.8	73.2	24.7	1.1	0.6	52	78	1
	85	19	36.0	26.2	6300	8500	0.44	7209B	60.5	70.2	36.8	1.1	0.6	52	78	1
	100	25	59.5	39.8	6000	8000	0.9	7309B	66	80	42.0	1.5	0.6	54	91	1.5

续表

基本尺寸 /mm			基本额定载荷 /kN		极限转速 /(r·min⁻¹)		质量 /kg	轴承 代号	其他尺寸 /mm					安装尺寸 /mm		
d	D	B	C_r	C_{0r}	脂	油	$W\approx$	70000	$d_2\approx$	$D_2\approx$	a	r_{min}	r_{1min}	$d_{a\,min}$	$D_{a\,max}$	$r_{a\,max}$
50	80	16	26.5	22.0	6 700	9 000	0.25	7010C	59.2	70.9	16.7	1	0.3	56	74	1
	80	16	25.2	21.0	6 700	9 000	0.25	7010AC	59.2	70.9	23.2	1	0.3	56	74	1
	90	20	42.8	32.0	6 300	8 500	0.46	7210C	62.4	77.7	19.4	1.1	0.6	57	83	1
	90	20	40.8	30.5	6 300	8 500	0.46	7210AC	62.4	77.7	26.3	1.1	0.6	57	83	1
	90	20	37.5	29.0	5 600	7 500	0.49	7210B	65.5	75.2	39.4	1.1	0.6	57	83	1
	110	27	68.2	48.0	5 000	6 700	1.15	7310B	74.2	88.8	47.5	2	1	60	100	2
	130	31	95.2	64.2	5 000	6 700	2.08	7410B	77.6	102.4	46.2	2.1	1.1	62	118	2.1
55	90	18	37.2	30.5	6 000	8 000	0.38	7011C	65.4	79.7	18.7	1.1	0.6	62	83	1
	90	18	35.2	29.2	6 000	8 000	0.38	7011AC	65.4	79.7	25.9	1.1	0.6	62	83	1
	100	21	52.8	40.5	5 600	7 500	0.61	7211C	68.9	86.1	20.9	1.5	0.6	64	91	1.5
	100	21	50.5	38.5	5 600	7 500	0.61	7211AC	68.9	86.1	28.6	1.5	0.6	64	91	1.5
	100	21	46.2	36.0	5 300	7 000	0.65	7211B	72.4	83.4	43	1.5	0.6	64	91	1.5
	120	29	78.8	56.5	4 500	6 000	1.45	7311B	80.5	96.3	51.4	2	1	65	110	2
60	95	18	38.2	32.8	5 600	7 500	0.4	7012C	71.4	85.7	19.4	1.1	0.6	67	88	1
	95	18	36.2	31.5	5 600	7 500	0.4	7012AC	71.4	85.7	27.1	1.1	0.6	67	88	1
	110	22	61.0	48.5	5 300	7 000	0.8	7212C	76	94.1	22.4	1.5	0.6	69	101	1.5
	110	22	58.2	46.2	5 300	7 000	0.8	7212AC	76	94.1	30.8	1.5	0.6	69	101	1.5
	110	22	56.0	44.5	4 800	6 300	0.84	7212B	79.3	91.5	46.7	1.5	0.6	69	101	1.5
	130	31	90.0	66.3	4 300	5 600	1.85	7312B	87.1	104.2	55.4	2.1	1.1	72	118	2.1
	150	35	118	85.5	4 300	5 600	3.56	7412B	91.4	118.6	55.7	2.1	1.1	72	138	2.1
65	100	18	40.0	35.5	5 300	7 000	0.43	7013C	75.3	89.8	20.1	1.1	0.6	72	93	1
	100	18	38.0	33.8	5 300	7 000	0.43	7013AC	75.3	89.8	28.2	1.1	0.6	72	93	1
	120	23	69.8	55.2	4 800	6 300	1	7213C	82.5	102.5	24.2	1.5	0.6	74	111	1.5
	120	23	66.5	52.5	4 800	6 300	1	7213AC	82.5	102.5	33.5	1.5	0.6	74	111	1.5
	120	23	62.5	53.2	4 300	5 600	1.05	7213B	88.4	101.2	51.1	1.5	0.6	74	111	1.5
	140	33	102	77.8	4 000	5 300	2.25	7313B	93.9	112.4	59.5	2.1	1.1	77	128	2.1
70	110	20	48.2	43.5	5 000	6 700	0.6	7014C	82	98	22.1	1.1	0.6	77	103	1
	110	20	45.8	41.5	5 000	6 700	0.6	7014AC	82	98	30.9	1.1	0.6	77	103	1
	125	24	70.2	60.0	4 500	6 700	1.1	7214C	89	109	25.3	1.5	0.6	79	116	1.5
	125	24	69.2	57.5	4 500	6 700	1.1	7214AC	89	109	35.1	1.5	0.6	79	116	1.5
	125	24	70.2	57.2	4 300	5 600	1.15	7214B	91.1	104.9	52.9	1.5	0.6	79	116	1.5
	150	35	115	87.2	3 600	4 800	2.75	7314B	100.9	120.5	63.7	2.1	1.1	82	138	2.1
75	115	20	49.5	46.5	4 800	6 300	0.63	7015C	88	104	22.7	1.1	0.6	82	108	1
	115	20	46.8	44.2	4 800	6 300	0.63	7015AC	88	104	32.2	1.1	0.6	82	108	1
	130	25	79.2	65.8	4 300	5 600	1.2	7215C	94	115	26.4	1.5	0.6	84	121	1.5
	130	25	75.2	63.0	4 300	5 600	1.2	7215AC	94	115	36.6	1.5	0.6	84	121	1.5
	130	25	72.8	62.0	4 000	5 300	1.3	7215B	96.1	109.9	55.5	1.5	0.6	84	121	1.5
	160	37	125	98.5	3 400	4 500	3.3	7315B	107.9	128.6	68.4	2.1	1.1	87	148	2.1

续表

基本尺寸 /mm			基本额定载荷 /kN		极限转速 / (r·min⁻¹)		质量 /kg	轴承代号	其他尺寸 /mm					安装尺寸 /mm		
d	D	B	C_r	C_{0r}	脂	油	$W\approx$	70000	$d_2\approx$	$D_2\approx$	a	r_{min}	r_{1min}	$d_{a\,min}$	$D_{a\,max}$	$r_{a\,max}$
80	125	22	58.5	55.8	4 500	6 000	0.85	7016C	95.2	112.8	24.7	1.1	0.6	87	118	1
	125	22	55.5	53.2	4 500	6 000	0.85	7016AC	95.2	112.8	34.9	1.1	0.6	87	118	1
	140	26	89.5	78.2	4 000	5 300	1.45	7216C	100	122	27.2	2	1	90	130	2
	140	26	85.0	74.5	4 000	5 300	1.45	7216AC	100	122	38.9	2	1	90	130	2
	140	26	80.2	69.5	3 600	4 800	1.55	7216B	103.2	117.8	59.2	2	1	90	130	2
	170	39	135	110	3 600	4 800	3.9	7316B	114.8	136.8	71.9	2.1	1.1	82	158	2.1
85	130	22	62.5	60.2	4 300	5 600	0.89	7017C	99.4	117.6	25.4	1.1	0.6	92	123	1
	130	22	59.2	57.2	4 300	5 600	0.89	7017AC	99.4	117.6	36.1	1.1	0.6	92	123	1
	150	28	99.8	85.0	3 800	5 000	1.8	7217C	107.1	131	29.9	2	1	95	140	2
	150	28	94.8	81.5	3 800	5 000	1.8	7217AC	107.1	131	41.6	2	1	95	140	2
	150	28	93.0	81.5	3 400	4 500	1.95	7217B	110.1	126	63.6	2	1	95	140	2
	180	41	148	122	3 000	4 000	4.6	7317B	121.2	145.6	76.1	3	1.1	99	166	2.5
90	140	24	71.5	69.8	4 000	5 300	1.15	7018C	107.2	126.8	27.4	1.5	0.6	99	131	1.5
	140	24	67.5	66.5	4 000	5 300	1.15	7018AC	107.2	126.8	38.8	1.5	0.6	99	131	1.5
	160	30	122	105	3 600	4 800	2.25	7218C	111.7	138.4	34.7	2	1	100	150	2
	160	30	118	100	3 600	4 800	2.25	7218AC	111.7	138.4	44.2	2	1	100	150	2
	160	30	105	94.5	3 200	4 300	2.4	7218B	118.1	135.2	67.9	2	1	100	150	2
	190	43	158	138	2 800	3 800	5.4	7318B	128.6	153.2	80.2	3	1.1	104	176	2.5
95	145	24	73.5	73.2	3 800	5 000	1.2	7019C	110.2	129.8	28.1	1.5	0.6	104	136	1.5
	145	24	69.5	69.8	3 800	5 000	1.2	7019AC	110.2	129.8	40	1.5	0.6	104	136	1.5
	170	32	135	115	3 400	4 500	1.2	7219C	118.1	147	33.8	2.1	1.1	107	158	2.1
	170	32	128	108	3 400	4 500	2.7	7219AC	118.1	147	46.9	2.1	1.1	107	158	2.1
	170	32	120	108	3 000	4 000	2.9	7219B	126.1	144.4	72.5	2.1	1.1	107	158	2.1
	200	45	172	155	2 800	3 800	6.25	7319B	135.4	161.5	84.4	3	1.1	109	186	2.5
100	150	24	79.2	78.5	3 800	5 000	1.25	7020C	114.6	135.4	28.7	1.5	0.6	109	141	1.5
	150	24	75	74.8	3 800	5 000	1.25	7020AC	114.6	135.4	41.2	1.5	0.6	109	141	1.5
	180	34	148	128	3 200	4 300	3.25	7220C	124.8	155.3	35.8	2.1	1.1	112	168	2.1
	180	34	142	122	3 200	4 300	3.25	7220AC	124.8	155.3	49.7	2.1	1.1	112	168	2.1
	180	34	130	115	2 600	3 600	3.45	7220B	130.9	150.5	75.7	2.1	1.1	112	168	2.1
	215	47	188	180	2 400	3 400	7.75	7320B	144.5	182.5	89.6	3	1.1	114	201	2.5

附表 E3　圆锥滚子轴承（摘自 GB/T 297—2015）

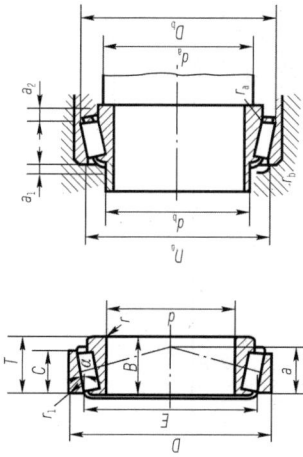

30000型

d	D	T	B	C	α	E	C_r/kN	C_{0r}/kN	脂	油	W≈/kg	e	Y	Y_0	轴承代号 30000型	a≈	r min	r_1 min	d_a min	d_b max	D_a min	D_a max	D_b min	a_1 min	a_2 min	r_a max	r_b max
20	37	12	12	9	12°	29.621	13.8	17.5	9500	13000	0.056	0.32	1.9	1	32904	8.2	0.3	0.3	—	—	—	—	—	—	—	0.3	0.3
	42	15	15	12	14°	32.781	26.2	28.2	8500	11000	0.095	0.37	1.6	0.9	32004	10.3	0.6	0.6	25	25	36	37	39	3	3	0.6	0.6
	47	15.25	14	12	14°	37.304	29.5	30.5	8000	10000	0.126	0.35	1.7	1	30204	11.2	1	1	26	27	40	41	43	2	3.5	1	1
	52	16.25	15	13	12°57'10"	41.318	34.5	33.2	7500	9500	0.165	0.3	2	1.1	30304	11.1	1.5	1.5	27	28	44	45	48	3	3.5	1.5	1.5
	52	22.25	21	18	11°18'36"	39.518	44.8	46.2	7500	9500	0.230	0.3	2	1.1	32304	13.6	1.5	1.5	27	26	43	45	48	3	3.5	1.5	1.5
22	40	12	12	9	12°	32.665	15.8	20.0	8500	11000	0.065	0.32	1.9	1	329/22	8.5	0.3	0.3	—	—	—	—	—	3	—	0.3	0.3
	44	15	15	11.5	14°50'	34.708	27.2	30.2	8000	10000	0.100	0.40	1.5	0.8	320/22	10.8	0.6	0.6	27	27	38	39	41	3	3.5	0.6	0.6
25	42	12	12	9	12°	34.608	16.8	21.0	6300	10000	0.064	0.32	1.9	1	32905	8.7	0.3	0.3	—	—	—	—	—	3	3.5	0.3	0.3
	47	15	15	11.5	16°	37.393	29.2	34.0	7500	9500	0.11	0.43	1.4	0.8	32005	11.6	0.6	0.6	30	30	40	42	44	3	3	0.6	0.6
	47	17	17	14	10°55'	38.278	34.0	42.5	7500	9500	0.129	0.29	2.1	1.1	33005	11.1	0.6	0.6	30	30	40	42	45	2	3.5	0.6	0.6
	52	16.25	15	13	14°02'10"	41.135	33.8	37.0	7000	9000	0.154	0.37	1.6	0.9	30205	12.5	1	1	31	31	44	46	48	4	4	1	1
	52	22	22	18	13°10'	40.441	49.2	55.8	7000	9000	0.216	0.35	1.7	0.9	33205	14.0	1	1	31	30	43	46	49	4	4	1	1
	62	18.25	17	15	11°18'36"	50.637	49.0	48.0	6300	8000	0.263	0.3	2	1.1	30305	13.0	1.5	1.5	32	34	54	55	58	3	3.5	1.5	1.5
	62	18.25	17	13	28°48'39"	44.130	42.5	46.0	6300	8000	0.262	0.83	0.7	0.4	31305	20.1	1.5	1.5	32	31	47	55	59	3	5.5	1.5	1.5
	62	25.25	24	20	11°18'36"	48.637	64.5	68.8	6300	8000	0.368	0.3	2	1.1	32305	15.9	1.5	1.5	32	32	52	55	58	3	5.5	1.5	1.5

续表

d	D	T	B	C	α	E	C_r	C_{0r}	脂	油	W≈	e	Y	Y_0	轴承代号 30000型	a≈	r min	r_1 min	d_a min	d_b max	D_a min	D_a max	D_b min	a_1 min	a_2 min	r_a max	r_b max
							基本额定载荷/kN		极限转速/(r·min⁻¹)		质量/kg	计算系数				其他尺寸/mm							安装尺寸/mm				
28	45	12	12	9	12°	37.639	17.5	22.8	7500	9500	0.069	0.32	1.9	1	329/28	9.0	0.3	0.3	—	—	—	—	—	3	—	0.3	0.3
	52	16	16	12	16°	41.991	33.0	40.5	6700	8500	0.142	0.43	1.4	0.8	320/28	12.6	1	1	34	33	45	46	49	3	4	1	1
	58	24	24	19	12°45′	45.846	60.8	68.2	6300	8000	0.286	0.34	1.8	1.0	332/28	15.0	1	1	34	33	49	52	55	4	5	1	1
30	47	12	12	9	12°	39.617	17.8	23.2	7000	9000	0.072	0.32	1.9	1	32906	9.2	0.3	0.3	—	—	—	—	—	3	—	0.3	0.3
	55	17	17	13	16°	44.438	37.5	46.8	6300	8000	0.170	0.43	1.4	0.8	32006	13.3	1	1	36	35	48	49	52	3	4	1	1
	55	20	20	16	11°	45.283	45.8	58.8	6300	8000	0.201	0.29	2.1	1.1	33006	12.8	1	1	36	35	48	49	52	4	4	1	1
	62	17.25	16	14	14°02′10″	49.990	45.2	50.5	6000	7500	0.231	0.37	1.6	0.9	30206	13.8	1	1	36	37	53	56	58	2	3.5	1	1
	62	21.25	20	17	14°02′10″	48.982	54.2	63.8	6000	7500	0.287	0.37	1.6	0.9	32206	15.6	1	1	36	36	52	56	58	3	4.5	1	1
	62	25	25	19.5	12°50′	49.524	66.8	75.5	6000	7500	0.342	0.34	1.8	1	33206	15.7	1	1	36	36	53	56	59	5	5.5	1.5	1.5
	72	20.75	19	16	11°51′35″	58.287	61.8	63.0	5600	7000	0.387	0.31	1.9	1.1	30306	15.3	1.5	1.5	37	40	62	65	66	3	5	1.5	1.5
	72	20.75	19	14	28°48′39″	51.771	55.0	60.5	5600	7000	0.392	0.83	0.7	0.4	31306	23.1	1.5	1.5	37	37	55	65	68	4	7	1.5	1.5
	72	28.75	27	23	11°51′35″	55.767	85.5	96.5	5600	7000	0.562	0.31	1.9	1.1	32306	18.9	1.5	1.5	37	38	59	65	66	4	6	1.5	1.5
32	52	14	15	10	12°	44.261	25.0	32.5	6300	8000	0.106	0.32	1.9	1	329/32	10.2	0.6	0.6	38	37	46	47	49	3	4	0.6	0.6
	58	17	17	13	16°50′	46.708	36.5	49.2	6000	7500	0.187	0.45	1.3	0.7	320/32	14.0	1	1	38	38	50	52	55	3	4	1	1
	65	26	26	20.5	13°	51.791	68.8	82.2	5600	7000	0.385	0.35	1.7	1	332/32	16.6	1	1	38	38	55	59	62	5	5.5	1	1
35	55	14	14	11.5	11.5°	47.220	27.0	34.8	6000	7500	0.114	0.29	2.1	1.1	32907	10.1	0.6	0.6	40	40	49	50	52	3	2.5	0.6	0.6
	62	18	18	14	16°50′	50.510	45.2	59.2	5600	7000	0.224	0.44	1.4	0.8	32007	15.1	1	1	41	40	54	56	59	4	4	1	1
	62	21	21	17	11°30′	51.320	49.0	63.2	5600	7000	0.254	0.31	2	1.1	33007	13.5	1	1	41	41	54	56	59	3	4	1	1
	72	18.25	17	15	14°02′10″	58.844	56.8	63.5	5300	6700	0.331	0.37	1.6	0.9	30207	15.3	1.5	1.5	42	44	62	65	67	3	3.5	1.5	1.5
	72	24.25	23	19	14°02′10″	57.087	73.8	89.5	5300	6700	0.445	0.37	1.6	0.9	32207	17.9	1.5	1.5	42	42	61	65	68	5	5.5	1.5	1.5
	72	28	28	22	13°15′	57.186	86.5	102	5300	6700	0.515	0.35	1.7	0.9	33207	18.2	1.5	1.5	42	42	61	65	68	5	6	1.5	1.5
	80	22.75	21	18	11°51′35″	65.769	78.8	82.5	5000	6300	0.515	0.31	1.9	1.1	30307	16.8	2	2	44	45	70	71	74	3	5	2	1.5
	80	22.75	21	15	28°48′39″	58.861	69.0	76.8	5000	6300	0.514	0.83	0.7	0.4	31307	25.8	2	2	44	42	62	71	76	4	8	2	1.5
	80	32.75	31	25	11°51′35″	62.829	105	118	5000	6300	0.763	0.31	1.9	1.1	32307	20.4	2	1.5	44	43	66	71	74	4	8.5	2	1.5

续表

d	D	T	B	C	α	E	C_r	C_{0r}	脂	油	W≈	e	Y	Y_0	轴承代号 30000型	a≈	r min	r_1 min	d_a min	d_b max	D_a min	D_a max	D_b min	a_1 min	a_2 min	r_a max	r_b max
				基本尺寸/mm			基本额定载荷/kN		极限转速/(r·min⁻¹)		质量/kg	计算系数				其他尺寸/mm			安装尺寸/mm								
40	62	15	15	12	12°	53.388	33.0	46.0	5 600	7 000	0.155	0.29	2.1	1.1	32908	11.1	0.6	0.6	45	45	55	57	59	3	3	0.6	0.6
	68	19	19	14.5	14°10'	56.897	54.2	71.0	5 300	6 700	0.267	0.38	1.6	0.9	32008	14.9	1	1	46	46	60	62	65	4	4.5	1	1
	68	22	22	18	10°40'	57.290	63.0	79.5	5 300	6 700	0.306	0.28	2.1	1.2	33008	14.1	1	1	46	46	60	62	64	4	4	1	1
	75	26	26	20.5	13°20'	61.169	88.8	110	5 000	6 300	0.496	0.36	1.7	0.9	33108	18.0	1.5	1.5	47	47	65	68	71	4	5.5	1.5	1.5
	80	19.75	18	16	14°02'10"	65.730	66.0	74.0	5 000	6 300	0.422	0.37	1.6	0.9	30208	16.9	1.5	1.5	47	49	69	73	75	3	4	1.5	1.5
	80	24.75	23	19	14°02'10"	64.715	81.5	97.2	5 000	6 300	0.532	0.37	1.6	0.9	32208	18.9	1.5	1.5	47	48	68	73	75	5	6	1.5	1.5
	80	32	32	25	13°25'	63.405	110.0	135	5 000	6 300	0.715	0.36	1.7	0.9	33208	20.8	1.5	1.5	47	47	67	73	76	5	7	1.5	1.5
	90	25.25	23	20	12°57'10"	72.703	95.2	108	4 500	5 600	0.747	0.35	1.7	1	30308	19.5	2	2	49	52	77	81	84	4	5.5	2	1.5
	90	25.25	23	17	28°48'39"	66.984	85.5	96.5	4 500	5 600	0.727	0.83	0.7	0.4	31308	29.0	2	2	49	48	71	81	87	3	8.5	2	1.5
	90	35.25	33	27	12°57'10"	69.253	120	148	4 500	5 600	1.04	0.35	1.7	0.9	32308	23.3	2	2	49	49	73	81	83	4	8.5	2	1.5
45	68	15	15	12	12°	58.852	32.0	48.5	5 300	6 700	0.180	0.32	1.9	1	32909	12.2	0.6	0.6	50	50	61	63	65	3	3	0.6	0.6
	75	20	20	15.5	14°40'	63.248	58.5	81.5	5 000	6 300	0.337	0.39	1.5	0.8	32009	16.5	1	1	51	51	67	69	72	4	4.5	1	1
	75	24	24	19	11°05'	63.116	72.5	100	5 000	6 300	0.398	0.32	1.9	1	33009	15.9	1	1	51	51	67	69	72	4	5	1	1
	80	26	26	20.5	14°20'	65.700	87.0	118	4 500	5 600	0.535	0.38	1.6	1	33109	19.1	1.5	1.5	52	52	69	73	77	4	5.5	1.5	1.5
	85	20.75	19	16	15°06'34"	70.440	80.8	83.5	4 500	5 600	0.474	0.4	1.5	0.8	30209	18.6	1.5	1.5	52	53	74	78	80	3	5	1.5	1.5
	85	24.75	23	19	15°06'34"	69.610	110	105	4 500	5 600	0.573	0.4	1.5	0.8	32209	20.1	1.5	1.5	52	53	73	78	81	3	6	1.5	1.5
	85	32	32	25	14°25'	68.075	110	145	4 500	5 600	0.771	0.39	1.5	0.9	33209	21.9	1.5	1.5	52	52	72	78	81	5	7	1.5	1.5
	100	27.25	25	22	12°57'10"	81.780	108	130	4 000	5 000	0.984	0.35	1.7	1	30309	21.3	2	2	54	59	86	91	94	3	5.5	2	1.5
	100	27.25	25	18	28°48'39"	75.107	95.5	115	4 000	5 000	0.944	0.83	0.7	0.4	31309	31.7	2	2	54	54	79	91	96	4	9.5	2.0	1.5
	100	38.25	36	30	12°57'10"	78.330	145	188	4 000	5 000	1.4	0.35	1.7	1	32309	25.6	2	2	54	56	82	91	93	4	8.5	2.0	1.5
50	72	15	15	12	12°	62.748	36.8	56.0	5 000	6 300	0.181	0.34	1.8	1	32910	13.0	0.6	0.6	55	55	64	67	69	3	3	0.6	0.6
	80	20	20	15.5	15°45'	67.841	61.0	89.0	4 500	5 600	0.366	0.42	1.4	0.8	32010	17.8	1	1	56	56	72	74	77	4	4.5	1	1
	80	24	24	19	11°55'	67.775	76.8	110	4 500	5 600	0.433	0.32	1.9	1	33010	17.0	1	1	56	56	72	74	76	4	5	1	1
	85	26	26	20	15°20'	70.214	89.2	125	4 300	5 300	0.572	0.41	1.5	0.8	33110	20.4	1.5	1.5	57	56	74	78	82	4	6	1.5	1.5
	90	21.75	20	17	15°38'32"	75.078	73.2	92.0	4 300	5 300	0.529	0.42	1.4	0.8	30210	20.0	1.5	1.5	57	58	79	83	86	3	5	1.5	1.5
	90	24.75	23	19	15°38'32"	74.226	82.8	108	4 300	5 300	0.626	0.42	1.4	0.8	32210	21.0	1.5	1.5	57	57	78	83	86	3	6	1.5	1.5
	90	32	32	24.5	15°25'	72.727	112	155	4 300	5 300	0.825	0.41	1.5	0.8	33210	23.2	1.5	1.5	57	57	77	83	87	5	7.5	1.5	1.5
	110	29.25	27	23	12°57'10"	90.633	130	158	3 800	4 800	1.28	0.35	1.7	1	30310	23.0	2.5	2	60	65	95	100	103	4	6.5	2	2
	110	29.75	27	19	28°48'39"	82.747	108	128	3 800	4 800	1.21	0.83	0.7	0.4	31310	34.8	2.5	2	60	58	87	100	105	4	10.5	2	2
	110	42.25	40	33	12°57'10"	86.263	178	235	3 800	4 800	1.89	0.35	1.7	1	32310	28.2	2.5	2	60	61	90	100	102	5	9.5	2	2

续表

d	D	T	B	C	α	E	C_r	C_{0r}	脂	油	$W\approx$	e	Y	Y_0	30000型	$a\approx$	r min	r_1 min	d_a min	d_b max	D_a min	D_a max	D_b min	a_1 min	a_2 min	r_a max	r_b max
55	80	17	17	14	14°	69.503	41.5	66.8	4 800	6 000	0.262	0.31	1.9	1.1	32911	14.3	1	1	61	60	71	74	77	3	3	1	1
	90	23	23	17.5	15°10'	76.505	80.2	118	4 000	5 000	0.551	0.41	1.5	0.8	32011	19.8	1.5	1.5	62	63	81	83	86	5	5.5	1.5	1.5
	90	27	27	21	11°45'	76.656	94.8	145	4 000	5 000	0.651	0.31	1.9	1.1	33011	19.0	1.5	1.5	62	63	81	83	86	5	6	1.5	1.5
	95	30	30	23	14°	78.893	115	165	3 800	4 800	0.843	0.37	1.6	0.9	33111	21.9	1.5	1.5	62	62	83	88	91	5	7	1.5	1.5
	100	22.75	21	18	15°06'34"	84.197	90.8	115	3 800	4 800	0.713	0.4	1.5	0.8	30211	21.0	2	1.5	64	64	88	91	95	4	5	2	1.5
	100	26.75	25	21	15°06'34"	82.837	108	142	3 800	4 800	0.853	0.4	1.5	0.8	32211	22.8	2	1.5	64	62	87	91	96	4	6	2	1.5
	100	35	35	27	14°55'	81.240	142	198	3 800	4 800	1.15	0.4	1.5	0.8	33211	25.1	2.5	2	64	62	85	91	96	6	8	2.5	2
	120	31.5	31	25	12°57'10"	99.146	152	188	3 400	4 300	1.63	0.35	1.7	1	30311	24.9	2.5	2	65	70	104	110	112	4	6.5	2.5	2
	120	31.5	29	21	28°48'39"	89.563	130	158	3 400	4 300	1.56	0.83	0.7	0.4	31311	37.5	2.5	2	65	63	94	110	114	4	10.5	2.5	2.1
	120	45.5	43	35	12°57'10"	94.316	202	270	3 400	4 300	2.37	0.35	1.7	1	32311	30.4	2.5	2	65	66	99	110	111	5	10	2.5	2.1
60	85	17	17	14	14°	74.185	46.0	73.0	4 000	5 000	0.279	0.33	1.8	1	32912	15.1	1	1	66	65	75	79	82	3	3	1	1
	95	23	23	17.5	16°	80.634	81.8	122	3 800	4 800	0.584	0.43	1.4	0.8	32012	20.9	1.5	1.5	67	67	85	88	91	4	5.5	1.5	1.5
	95	27	27	21	12°20'	80.422	96.8	150	3 800	4 800	0.691	0.33	1.8	1	33012	19.8	1.5	1.5	67	67	85	88	90	5	6	1.5	1.5
	100	30	30	23	14°50'	83.522	118	172	3 600	4 500	0.895	0.4	1.5	0.8	33112	23.1	1.5	1.5	69	67	88	93	96	4	7	1.5	1.5
	110	23.75	22	19	15°06'34"	91.876	102	130	3 600	4 500	0.904	0.4	1.5	0.8	30212	22.3	2	1.5	69	69	96	101	103	4	5	2	1.5
	110	29.75	28	24	15°06'34"	90.236	132	180	3 600	4 500	1.17	0.4	1.5	0.8	32212	25.0	2	1.5	69	68	95	101	105	4	6	2	1.5
	110	38	38	29	15°05'	89.032	165	230	3 600	4 500	1.51	0.4	1.5	0.8	33212	27.5	2	1.5	69	69	93	101	105	6	9	2	1.5
	130	33.5	31	26	12°57'10"	107.769	170	210	3 200	4 000	1.99	0.35	1.7	1	30312	26.6	3	2.5	72	76	112	118	121	5	7.5	2.5	2.1
	130	33.5	31	22	28°48'39"	98.236	145	178	3 200	4 000	1.90	0.83	0.7	0.4	31312	40.4	3	2.5	72	69	103	118	124	5	11.5	2.5	2.1
	130	48.5	46	37	12°57'10"	102.939	228	302	3 200	4 000	2.90	0.35	1.7	1	32312	32.0	3	2.5	72	72	107	118	122	5	11.5	2.5	2.1
65	90	17	17	14	14°	78.849	45.5	73.2	3 800	4 800	0.295	0.35	1.7	0.9	32913	16.2	1	1	71	70	80	84	87	3	3	1	1
	100	23	23	17.5	14°30'	85.567	82.8	128	3 600	4 500	0.620	0.46	1.3	0.7	32013	22.4	1.5	1.5	72	72	90	93	97	4	5.5	1.5	1.5
	110	34	34	26.5	14°30'	91.653	142	220	3 400	4 300	1.30	0.39	1.6	0.9	33113	26.0	2	1.5	73	73	96	103	106	6	7.5	2	1.5
	120	32.75	31	27	15°06'34"	99.484	160	222	3 200	4 000	1.55	0.4	1.5	0.8	32213	27.3	2	1.5	74	75	104	111	115	4	6	2	1.5
	120	41	41	32	15°06'34"	97.863	202	282	3 200	4 000	1.99	0.39	1.5	0.9	33213	29.5	2	1.5	74	74	102	111	115	7	9	2	1.5
	140	36	33	28	14°35'	116.846	195	242	2 800	3 600	2.44	0.35	1.7	1	30313	28.7	3	2.5	77	83	122	128	131	5	8	2.5	2.1
	140	51	48	39	12°57'10"	111.786	260	350	2 800	3 600	3.51	0.35	1.7	1	32313	34.3	3	2.5	77	79	117	128	131	6	12	2.5	2.1

续表

d	D	T	B	C	α	E	C_r	C_{0r}	脂	油	W≈	e	Y	Y_0	轴承代号 30000型	a≈	r min	r_1 min	d_a min	d_b max	D_a min	D_a max	D_b min	a_1 min	a_2 min	r_a max	r_b max
70	100	20	20	16	16°	88.590	70.8	115	3 600	4 500	0.471	0.32	1.9	1	32914	17.6	1	1	76	76	90	94	96	4	4	1	1
	110	25	25	19	16°10′	93.633	105	160	3 400	4 300	0.839	0.43	1.4	0.8	32014	23.8	1.5	1.5	77	78	98	103	105	5	6	1.5	1.5
	120	37	37	29	14°10′	99.733	172	268	3 200	4 000	1.70	0.39	1.5	1.2	33114	28.2	2	1.5	79	79	104	111	115	6	8	2	1.5
	125	33.25	31	27	15°38′32″	103.765	168	238	3 000	3 800	1.64	0.42	1.4	0.8	32214	28.8	2	1.5	79	79	108	116	120	4	6.5	2	1.5
	125	41	41	32	15°15′	102.275	208	298	3 000	3 800	2.10	0.41	1.5	0.8	33214	30.7	2	1.5	79	79	108	116	120	7	9	2	1.5
	150	38	35	30	12°57′10″	125.244	218	272	2 600	3 400	2.98	0.35	1.7	1	30314	30.7	2	2.5	82	84	130	138	141	5	8	2.5	2.1
	150	54	51	42	12°57′10″	119.724	298	408	2 600	3 400	4.34	0.35	1.7	1	32314	36.5	3	2.5	82	84	125	138	141	6	12	2.5	2.1
75	105	20	20	16	16°	93.223	78.2	125	3 400	4 300	0.490	0.33	1.8	1	32915	18.5	1	1	81	81	94	99	102	4	4	1	1
	115	25	25	19	17°	98.358	102	160	3 200	4 000	0.875	0.46	1.3	0.7	32015	25.2	1.5	1.5	82	83	103	108	110	5	6	1.5	1.5
	125	37	37	29	14°50′	104.358	175	280	3 000	3 800	1.78	0.4	1.5	0.8	33115	29.4	2	1.5	84	84	109	116	120	6	8	2	1.5
	130	33.25	31	27	16°10′20″	108.932	170	242	2 800	3 600	1.74	0.44	1.4	0.8	32215	30.0	2	1.5	84	84	115	121	126	4	6.5	2	1.5
	130	41	41	31	15°55′	106.675	208	300	2 800	3 600	2.17	0.43	1.4	0.8	33215	31.9	2	1.5	84	83	111	121	125	7	10	2	1.5
	160	40	37	31	12°57′10″	134.097	252	318	2 400	3 200	3.57	0.35	1.7	1	30315	32.0	3	2.5	87	89	139	148	150	5	8	2.5	2.1
	160	58	55	45	12°57′10″	127.887	348	482	2 400	3 200	5.37	0.35	1.7	1	32315	39.4	3	2.5	87	91	133	148	150	7	13	2.5	2.1
80	110	20	20	16	16°	97.974	79.2	128	3 200	4 000	0.514	0.35	1.7	0.9	32916	19.6	1	1	86	85	99	104	107	4	4	1	1
	125	29	29	22	15°45′	107.334	140	220	2 800	3 800	1.27	0.42	1.4	0.8	32016	26.8	1.5	1.5	87	89	112	117	120	6	7	1.5	1.5
	130	37	37	29	15°30′	108.970	180	292	2 800	3 600	1.87	0.42	1.4	0.8	33116	30.7	2	1.5	89	89	114	121	126	6	8	2	1.5
	140	35.25	33	28	15°38′32″	117.466	198	278	2 600	3 400	2.13	0.42	1.4	0.8	32216	31.4	2.5	2	89	89	122	130	135	5	7.5	2.1	2
	140	46	46	35	15°50′	114.582	245	362	2 600	3 400	2.83	0.43	1.4	0.8	33216	35.1	2.5	1	90	89	119	130	135	7	11	2.1	2
	170	42.5	39	33	12°57′10″	143.174	278	352	2 200	3 000	4.27	0.35	1.7	1	30316	34.4	3	2.5	92	102	148	158	160	5	9.5	2.5	2.1
	170	61.5	58	48	12°57′10″	136.504	388	542	2 200	3 000	6.38	0.35	1.7	1	32316	42.1	3	2.5	92	97	142	158	160	7	13.5	2.5	2.1

参 考 文 献

[1] 傅燕鸣. 机械设计（基础）课程设计教程[M]. 上海：上海科学技术出版社，2012.

[2] 成大先. 机械设计手册[M]. 6 版. 北京：化学工业出版社，2016.

[3] 孙德志，张伟华，邓子龙. 机械设计基础课程设计[M]. 2 版. 北京：科学出版社，2010.

[4] 张玲莉. 机械设计基础课程设计指导书（一级圆柱齿轮减速器）[M]. 武汉：华中科技大学出版社，2011.

[5] 龚溎义. 机械设计课程设计指导书[M]. 2 版. 北京：高等教育出版社，1990.

[6] 陈铁鸣. 新编机械设计课程设计图册[M]. 2 版. 北京：高等教育出版社，2009.